大展好書 好書大展

大展好書 好書大展

社會人智囊

23

# 傑出職員鍛鍊術

佐佐木正 著
柯素娥譯

大展出版社有限公司

# 序言

為了將新人培育為企業人，管理者日夜辛勞著，付出龐大的心力。最近的年輕人，簡直是愈來愈沒有忠誠度。一有稍微不高興、一點討厭的事情，就立刻向公司辭職，要換工作是易如反掌的。即使景氣蕭條，也不能認為一朝一夕可以改變此一狀況。

雖說如此，但即使試著發牢騷：「現在的年輕人真是令人傷腦筋！」仍無法解決問題。即使不知將有什麼樣的職員，善盡其才，讓交給自己的部屬發揮潛力，正是管理者的責任。

有一句諺語說：「經常可以看見別人家的草坪。」自己家中的草坪總是看不見，別人家的東西總是最好的。多半管理者雖會心想：為何只有這樣的職員被分配到自己的單位來呢？但其實大部份人都判斷錯誤了，錯看了人。說得清楚一點，這種情形，在每個地方都很類似。將「不行」的職員培育成充滿幹勁的熱血職員，就某種意義而言，是管理者的手腕之一。

在本書之中，將向有如此煩惱的管理者公開「如此一來便可養成提振如烈火般燃燒的幹勁職員」此一管理秘訣。

首先，在第一章敍述了，對於未擺脫學生氣息、作風的新進職員，應如何讓他們具有身為一個企業人的自覺。主管的職務最辛苦的工作，即是教育此一時期的職員。其中，有一些職員對終身僱用制度抱持著疑問，不管主管說什麼，他們都有相左的意見。因為價值觀不同，所以表面上似乎聽從上司所說的話，但實際上並未遵照指示去做。因此，他們從不依循規則行事，有時則是不習慣工作，顯得格格不入，無法進入情況。在如此艱難的適應時期，主管應如何引導新人為了作為組織的一份子而努力工作的基本知識呢?本章都會有所解說。

在第二章，則解說從事工作的程序。即使上司將工作委任給部屬，一旦上司未事先教導擬定概略的順序、手續，部屬就會因亂七八糟的做法而將事情搞砸之虞，甚至釀成了大禍。

第三章，闡述了針對每一個部屬，依照「視人而說教」的原則，不同的部屬有不同的教導方法，上司應找出部屬個別的長處、優點，讓其將這些特質施展出來，發揮才能的方法。儘管主管多麼具有組織能力，公司終究是累積每一個人的能力而得以成立的組織。主管只要讓每一個部屬的能力施展、發揮出來，就會大大提高公司整體的力量。

第四章，解說了鍛鍊形形色色、性格千奇百怪之部屬的方法。難以取悅的類型、胸襟開闊的類型、幹勁十足的類型、唯我獨尊的類型等，各種複雜而多量的類型，應如何進行教育才好？事實上，在任用人方面，最重要的即是此一類型別的指導法。醫師在對患者投藥時，若是愈確實診斷是否可以投與某種特殊的藥物，則其命中率愈高，正確性也愈高，不致開出錯誤的處方箋。同樣地，主管只要辨識部屬的類型，對〇〇類型只要如此指導，他們便可好好地工作；對××類型只要如此教育，他們就會不斷地成長——一旦理解了這些訣竅，讓部屬各司其職，遠比什麼都不考量而讓部屬做事，效率來得更佳。

第五章為結論篇，總結各章重點。部屬擁有高能力，可以獨當一面完成工作時，上司只要偶爾檢核一下便已足夠，本章即敘述了有關此等職員的養成方法。在此章，並非以可以獨當一面的職員的養成為主題，而是以考量全體組織的種種而完成工作之職員的養成為主題。以上，在本書之中包括五章都解說了關於培養有熱忱、有衝勁職員的方法。

藉由本書，日夜為了部屬的指導而勞心勞力的主管，多少得以消除煩惱，由衷期待各位每天的工作變得愉悅，樂於其中。當然，記述於本書的方法不是萬能的，不一定能應用於每一種情況。然而，我對充分道盡養成人才的基本知識、技能頗為自負，有信心可以作為各位的參考。

接著，便是應用的技巧了，這一點希望各位自己下工夫研究，使鍛鍊職員的方法有所精進、發展。

作者

# 目錄

## 第二章　讓新人成為精於程序的十大要點



## 第三章　使個人能力得以發揮的十大要點

## 第四章　依類型進行新人教育的十大要點

## 第五章　提高工作意識的十大要點

# 第一章

# 將新人培養成企業人的十大要點

## 在新人養成上，只求快而不求好是一大禁忌！

將新進職員立刻當作戰力來使用，非得嚴格禁止不可。因為，新人尚未具備實力，但卻採用他（她），如此一來，新人就會失去自信。因此，應該慢慢地培養才是。

新人養成的基本，首先應是上司在新人的眼前實行，親自做一遍讓新人看，而且，暫且先讓新人做同樣的事情，讓新人就有關疑問點徹底發問。不可以說「為什麼問這樣的事情？」之類輕蔑的話。其次，全面讓新人獨當一面，去做。優點要給予褒獎，應該提醒的注意點，則應明確地教導，不可以有所顧慮，該說的就要說，不必客氣。

在你判斷「大概可以放手讓新人去做了」之前，徹底反覆上述的方法，一切按照程序而行。因為，在似懂非懂的地步就停止教導，會製造出半途而廢、半吊子的職員。

雖有將不斷分派到忙碌之部門的新人呼來喚去，當作「便利商店」來使用，實施馬馬虎虎的教育，然後送到下一個單位的上司。但無論對公司或對本人而言，都是不幸的。因為最近的年輕人韌性不足，沒有毅力，所以一旦覺得很討厭下一個工作崗位，就很有可能不顧一切，冒冒失失地跳出公司。

記住：親自做給新人看，讓新人也做一遍，並給予讚美。

**事例介紹**

進入大都會銀行工作、T大畢業的精英行員A，罹患了憂鬱症，向公司提出辭職。

經銀行的企業醫師診斷，指出沒有任何地方不對勁。上司雖判斷為憂鬱症，但醫師卻說，其他方面找不出這樣的證據。

於是，上司試著問A說：「究竟為什麼要辭職？你煞費苦心，好不容易才突破難關，進入銀行，竟然要辭職。這應不是特別困難的工作吧。你畢業於T大，且在學生時代是以優秀的成績畢業。」

A回答說：「我一直未被教導正經的工作，一進來就立刻跟隨前輩，雖受命做放款融資的工作，但因制度的不健全，對方那家企業破產倒閉，導致無法回收，成為呆帳，我深感那是我的責任。」

仔細追問才知道其中原委。由於前輩很忙碌，因此向A說：「因為你是T大的，所以大概沒問題吧！」

於是似乎完全將工作委任給A，儘管放款融資的重要工作，也聽任A去做……。

## 解說

像這樣的情形，該怎麼辦呢？首先，考量學歷而給予指導，雖一想即認為似乎是很正確的做法，但卻是大錯特錯的。

雖明瞭新人不希望立刻被當作戰力，上場衝鋒陷陣，但無論如何絕對做不到。即使百般謙讓，讓新進職員做重要的工作，幾乎所有的前輩仍會說：「這樣做呀?!」並親自示範給新人看。然而，這個時候僅僅是做給新人看而已，絕不可讓新人自己去做。像放款融資這樣重要的工作，絕對不可以委任給新人，也就是應該從頭至尾，僅止於做給新人看而已。

在這個案例之中，上司不能只是開口說：「A先生，因為你跟著我的腳步去做，所以我可以放心了。」也不能只是委任給前輩帶領就了事，必須親自照料A，糾正其錯誤，指導其正確的做法。

都會銀行的教育訓練，是藉由徹底實施入行後研修而傳授給新人。然而，這種教育畢竟仍為知識傳授的教育，在實踐的應用問題上，是應付不了種種狀況的。上司雖很明瞭這一點，但只要部屬看起來變優秀的，就會不知不覺地委任工作給部屬。這種任用人的方式，關係著這一次A的失敗。

這個例子，雖似乎也有其他失敗的原因，譬如藉口新人接受了研修教育而不盡心指導，或藉口一開始最好不嬌寵溺愛部屬，應放手讓部屬嘗試一下，但是，一旦正好碰上經濟崩盤、景氣蕭條，那就真正很不幸了。即使以往是如此做來培養部屬，但因為環境良好，以致頗為順利圓滿。然而，今後有必要注意「新人可能不知何時發生麻煩的問題」，採取無為而治的培養方式雖好，但重要的是上司應具備經常在背後監督部屬、發現錯誤的態度。

A的情形，正因為工作只是工作而已，所以上司才說：「A先生，融資是銀行業務之中最困難的工作呀，你雖然想要利用研修不斷充分學習，但是，因為這裡的客戶是我所接洽的，所以請準備將來有一部份從頭至尾自己去做，好好地見習。」讓A跟隨到融資的客戶那兒去。由於融資是一種業務工作，有時並非是一直待在銀行內便可完成任務，因此，有必要讓A跟隨著，讓A看看自己如何做事。

那麼，問題是必須挽救因失敗而沮喪低落才行。因此，上司將手搭在A的肩上說道：「今晚想出去吃飯嗎？」上司發出微笑邀約A一道吃飯。然後，安慰A：「不要因一次、二次的失敗而悶悶不樂呀。或許，往後很有可能比這些經驗更寶貴的事情了，因為，無論什麼樣的高手，也會犯錯、失誤哩！」懦弱膽怯的新進職員，一旦品嚐了敗北的滋味，就無法站立起來，他們受不了失敗的打擊。

## 教訓1　開始是很重要的。首先應該從成功的經驗著手！

# 養成確認指示的習慣

在學生時代，被某人指示的情況是極少的（若是體育系的學生，則另當別論）。但是，一成為社會人士，進入公司，每天都是指示、命令，如洪水氾濫般，將人淹沒。在第一次的經驗裡只是慌張失措，不知如何是好。因為以往毫無責任，一直憑著自己的想法及意志行事，所以就某種意義而言，是很自由的。然而，一進入公司就完全不容許自己依好惡而任意專斷獨行，凡事都必須等待指示，依照指示去實行。

新人對此感到棘手，在不知不覺之中，仍未瞭解情況就憑著自己的想法去做。

因此，對新人而言，被上司指示、委託事情時，即使完全明瞭這件事情是如何地容易，上司仍應讓他們確認一遍，有把握完成任務。

新人會因而心想著：「問這種程度的問題不是被認為無能嗎？」因此，命令新人去做早就認定的工作，是身為上司者最傷腦筋的問題。

因為工作上經常要求效率，所以現在沒有餘暇再重做一次，這一點應該預先徹底灌輸到新人的觀念裡，至少，有必要先讓他們具有「社會人是領受薪水而工作」的職業觀念。

**事例介紹**

服務於Ｍ工業的Ｓ，在現場製作螺絲帽的標準規格產品。他也與上司共同擔任指示、管理在生產線上女作業員的工作。但是，比起女作業員，上司對正規職員的監督更為忙碌，於是女作業員方面的事情完全委任給Ｓ。

若要用一句話來形容女性作業員，則其中有資深的老手，也有二、三天之前才進公司來的新人。如此同在生產線上從事工作，因為有經歷上的差距，所以無論如何工作的效率每每不一致、不協調。有鑑於此，Ｓ並未與上司商量，就將兩名新進的女作業員轉派至其他的工作單位。

然而，因為公司根本不採用多餘的冗員，所以對其他的女作業員就加諸兩人份的重擔，攬下轉調的女作業員所留下的工作。結果演變成有一人去向上司訴苦抱怨，七、八人更因此而辭職的嚴重事態。

這完全違反了Ｓ當初想要讓員工效率更佳、做好工作的想法。

上司提醒Ｓ說：「因為你沒有經歷，為了你好，如果不知如何做才好，應與我商量，接受指示之後再做。」

事實上，Ｓ將被上司指示的「沒有經驗的員工應好好地教導之後再交付工作」的話，誤解為「能力不行的話就可以淘汰」之意。雖是不太可能發生的事情，但有時一旦彼此都很忙碌，就會在不知不覺之中自以為是，將對方的話囫圇吞棗而誤解話中意義。

## 解說

這個情形，有兩個錯誤。一個是上司的錯誤。S是新進職員，即使工作本身不成問題，但是否能按照指示去做仍是未知數。因此，重複一句：「〇〇一事明瞭了嗎？」應該可以使他確認內容。更進一步來說，也不可以不向S發問：「有沒有什麼疑問呢？」

在這個案例的根底，有著資深上司的特有迷思，他們往往會斷定：這麼常識性的事情，理所當然應該明瞭，不會有問題，不用再確認，而問題的核心即在於此。

S也有錯。儘管新人研修時被數度叮囑「對上司的指示應確認清楚」，但他心想著「大概是這樣吧」，卻未深入考量，就立刻憑著自己的判斷採取某些措施、對策，他顯然尚未脫去學生氣息。

如果是與朋友的約會、同好者的社團活動，即使被邀請一次、二次都無法前去赴會，只要說一句「沒什麼大不了」、「不行，對不起！」等等，因為夥伴像自家人一樣，所以彼此便可互相體諒。然而，公司是不同的，一旦被吩咐了才開始著手進行工作，就會來不及確實地完成工作，達成任務。

因為誤解了上司的意思，所以將所吩咐的事情想像成「大概是這樣」，自己妄加揣測。只要遭遇到二、三次慘痛的經驗，就會明白揣測上司之意的嚴重後果，當然，沒有如此的經驗是再好不過的。

雖然，為了不致於演變成重大的問題，上司立刻採取了必要的應對措施，但一旦藉口「不成問題」，卻忽略了確認指示，S就會變成經常犯錯的職員，或者，成為很多事情都獨斷專行的職員。這種職員，既會被同事所孤立，連陞遷也很緩慢，最後導致向公司辭職，或是被視為「窗邊族」，永遠坐冷板凳，過著無聊的上班日子。

因此，指示、命令新人的時候，一定要好好地提醒新人確認內容。最初從簡單的事情開始，根據是否已逐漸習慣了而依序指示，交付困難的工作，慢慢改變工作的困難程度。另外，事先營造可以被新人毫不客氣地質問氣氛也很重要。

還有，對複雜的待辦事件，應養成重複敍述幾遍的習慣。

電鐵公司的司機及車掌都要實行如囉囉嗦嗦、嘮嘮叨叨般那麼繁瑣的確認作業，這一點若仔細想一想，應是理所當然的事情，因為，他們一旦出現一次錯誤、失敗，則不僅是自己，還會奪去多數人命，使許多人受傷。

這種嚴重性，務必傳授給新人。

## 教訓 2　讓新人養成確認的習慣是在新人期間的一年內決定成敗！

## 所謂團隊工作，就是報告

日本的公司是以組織的形式而營運著。即使在獨角戲裡因個人秀而凸顯某人，引人矚目，對公司整體的業績而言，多半仍是負數。

所謂組織的形式運作，是以團隊工作為優先考量的行事而言。聖德太子說：「以和為尊」也就是說，所謂的團隊工作，是儒教精神的呈現。

團隊工作是什麽？為了要讓新進職員理解這一點，首先必須徹底地教會新人「無論如何要報告！」並說：「這種程度的事情或許可以不必報告吧。」「這種程度的情形，或許可以不用連絡。」等話，千萬不可隨心所欲、獨斷獨行地作出指示。

在學生時代，報告或連絡的作業可以非常地馬馬虎虎；而比起學生的作業，公司的工作就不太有偷工減料、應付了事的機會了，這是因為從學校畢業以後，突然投進另一個嶄新的世界，冷不防地要求社會新鮮人能把工作做得圓滿成功，是強人所難的要求。然而，錯誤卻是不可原諒的。

服務於貿易公司的H，犯了報告的錯。這是他進公司不久的事。接到有交易來往的客戶電話，聽說是董事長去世了。守靈是×日，葬禮是×日午後一點開始……是一通按照慣例的連絡電話。對方不知道H是新進職員，由於說話很大聲，因此以為H也許是課長級的人物。

因為H仍很年輕，所以並不十分清楚應如何處置這樣的事情才好。在學生時代，儘管列席參與過葬禮，但因為充其量不過是親戚或學校的關係而有來往的人們，所以認為如果是客戶，那麼只要打一通弔唁的電話即可。

糟糕的是，與俄羅斯的商談發生了麻煩，其他的課員都忙著打電報、去向上級主管們報告、商量，全都不在辦公室。儘管如此，H因為不明瞭以往公司是如何應對處置，所以雖心想必須向上司報告，但最後終未說出商談方面的糾紛。

後來，課長被該客戶公司的總經理狠狠地痛罵了一頓：「究竟應如何與貴公司來往才好呢?」當然，H是接電話的負責人，有其責任，所以不用說他當然也被課長狠狠地訓斥了一頓。

這個例子，由一位專責者出席守靈、葬禮，懸掛董事長所送的花圈，是一般常識性的做法。對方的總經理會勃然大怒是理所當然的事情。

對新人首先必須訓誡報告的重要性。為了讓新人不致忘記這一點，應讓新人養成將報告內容寫在備忘紙條的習慣，製作為了記錄連絡事項及外線電話內容的用紙，事先分發給全體職員。

不要以為：「這樣的事情，在進公司之後的職前訓練教育裡，公司會確實地為我做好。」上司雖看著新人教育手冊而開始確實教導，且實際地教導，但被教導的一方只是竭盡全力於習慣環境，假裝作出聆聽上司說話的樣子，無心於其他事物，對上司教導的內容，連十分之一也不明瞭。

也就是說，必須認為坐在旁邊的新人什麼也不懂。結果，最初被分派去的工作單位、部門上司的責任，除了進行教育新人之外，別無他法。

在案例的情形裡，上司雖代替H去向客戶道歉、陪罪，但此時對對方的客戶即使說破了嘴解釋說：「其實，接電話的人進公司才不久，還是新進職員，不知不覺之中漫不經心而犯錯，沒有傳到我的耳朵裡，所以才未處理，請原諒！」等等，仍不能說服對方，被罵個半死：「哎呀，混蛋！連你也以為這麼辯解就會在社會上取得諒解、廣被接受嗎？」等等。

因此，上司只是一味地向對方低頭道歉而已，並未作任何的辯解。不過，重要的是讓新人看見上司討厭向對方鞠躬哈腰的模樣。此時，上司往往忍受著在背後暗中向對方陪罪說：「他進公司不久，沒辦法，請原諒！」而考慮不給予新人打擊，可謂用心良苦。雖乍看之下是親切和藹、體貼部屬的上司，但若以培養新人去考量，絕非好上司。只在暗地裡為部屬收拾殘局、忙著道歉、陪罪的上司，並不能讓部屬成長，部屬永遠無法獨當一面，擔負大任。

若就報告整體而言，特別是新人，即使被上司委託的工作是如何微不足道、瑣瑣屑屑的工作，在被催促「那件事做得如何了？」之前，應先向上司報告：「已做完了，沒問題了。」上司應教導新人重視且明瞭報告的重要性。讓部屬具有「報告是義務，即使工作終了報告卻仍未結束的話，就等於只做了一半，還沒有完成就半途而廢」的認識，非常有必要。

另外，上司在教導、指示部屬的同時，自己本身也必須有所反省才行。部屬則要考慮：「已作了報告，這樣就好了嗎？有沒有其他的問題？」新人若什麼都未被吩咐、交代，就極其不安，因此，上司應有所表示，而且只要簡單地說一句話就可以了。譬如說「這樣就行了。」「做得不錯。」「報告應注意這些地方，再實行才是。」「這一點有瑕疵。」等等。上司與部屬之間的報告、連絡，應是彼此有來有往，保持溝通管道的暢通。上司對部屬的報告應有所回應；而部屬對上司的指示應銘記於心，時時實行而不馬虎偷懶。

## 教訓 3　對新人應該教導在被催促之前自己先報告！

# 讓新人的時間感醒悟

新人在學生時代有用之不盡的時間，至今仍完全不瞭解時間的重要性，暑假、寒假及春假，甚而不上課的日子，即使一整天在家裡無所事事，也不會有任何人抱怨，嘮叨個不停。有二、三天的休假就去滑雪、打網球，在外地夜宿幾天，盡情地從事休閒活動。

對學生而言，這是理所當然的事情。雖如此輕鬆愉快、悠然自得地渡過學生時代絕不是壞事，但如果認為如此自由自在、無拘無束的氣氛，即使成為社會人士也永久通用，那就大錯特錯、無可救藥了。社會人應明瞭時間是有限的，不可浪費。

教導這一點是上司的頭一項任務。一到了七月、八月，新人就拼命地抱怨：「啊，學生時代這個時候是暑假，正悠哉自在得很，但一當了社會人竟然辛苦得要命！」即使新人不說出口，內心仍是這麼想。

對時間具有如此美好想法的新人，有必要完全改變其觀念。首先，讓新人絕對遵守上下班時間，進而教導新人等候客戶時應在十分鐘之前先抵達約定地點。另外，教導新人到別的公司拜訪時，應嚴格遵守時間……。

## 事例介紹

服務於K產業的M有一個失敗的例子。M是在新進職員的教育訓練之後，被轉派到與業務有關的工作部門。

K產業是從事產業廢棄物處理工作的大型公司。雖在時代的潮流之中，被視為社會上絕對有其必要的工作，但以一般家庭為例，這是從後門進去而非從大門進去的卑微工作，且無法得到客戶的理解，也是不容否認的。

尤其是有關產業廢棄物的投棄場所，各家公司更為傷透腦筋。有時，M會與O公司共同去會見東北地方某山林的地主，進行取得投棄場所的交涉談判。通常，像M這樣軟弱的新人，都不會與別的公司交涉，進行重要的工作，但只有這一次人手不足，所以匆匆忙忙地與O公司的課長同行，一起去與地主磋商。

兩人約好預定搭乘東北新幹線九點○○分出發，開往盛岡的電車，但住在單身宿舍，單靠鬧鐘叫醒他的M，前一天星期日，打了太久的網球非常疲勞，以致睡過頭了。O公司的課長當然先去了，且單獨見到對方，搞妥了契約。

M稍後抵達時，一切都已結束了，無法挽回。

之後，M的上司雖帶著相當數量的簡單禮物，去向O公司的課長及對方賠不是，想盡辦法要平息風波，但是……。

縱令是與別的公司能負責，且有地位的人同行去客戶那裡，將如此重要的工作委任給新人，就是上司的不對。然而，他至少應該要求M的行為更為負責。

學生時只要認錯賠不是：「對不起，對不起！不知不覺地貪睡晚起了！」無論如何都會受到原諒，且儘管遲到了，結果也不至於太嚴重。不過，一成為社會人，與自己交涉的對方有各式各樣的人，只因一次的遲到就全部泡湯的情形，是屢見不鮮，後悔莫及之事。

這一次也是由O公司方面獲得更有利的市場佔有率，而結束種種事件。K產業畢竟仍是大傷元氣。

那麼，事先應該如何提醒、警告M呢？首先，嚴格遵守等候的時間是天經地義的，但M居然貪睡晚起了。為了不致於如此，必須教導單身者至少先準備兩個鬧鐘，而睡得很熟的人，則先準備三個鬧鐘。

即使用嘴巴嚴加申斥「應該遵守時間」，對睡得迷迷糊糊的人仍是起不了作用，他們的頭腦還不清醒，任何提醒、警告的話語，都會飛向某處，不知去向。本人縱令頭腦明瞭時間的重要性，但在物理上，身體卻不聽使喚，聽不見上司的訓誡。

再者，為了遵守時間，任何的場面，都應培養新人「一定要在十分鐘之前抵達約定地點」的習慣，實施嚴格的教育，具體、簡單地教導新人，為何不這麼做就不行，告訴他們種種弊害。一般而言，只要教導中途會有什麼障礙，有遲到、延誤的可能性即可。如此一來，新人就可以預防障礙、排除障礙，不致於誤了大事。

舉例而言，在即將出發之前，有人不斷地來訪、電話不斷地掛進來，發生交通阻塞、發生緊急的工作……，因為有這些可能性，所以應讓新人明瞭：即使犧牲自己所擁有的時間，也要及早出門。有人平日就會有拖拖拉拉到最後一刻才出門的壞習慣，應先教導他們這是無可救藥、難以原諒的事情。

新人時代讓新人學習對公司的時間應有的價值觀，尤為重要，學生時代即使遲到、弄錯約定的時間，這只會被生氣、被抱怨就了事；但是，這一次就完全不同了，因為，M非得藉由與公司訂立契約而完成責任不可。絕對不能敷衍了事。

因此，一切以十分鐘之前抵達為原則，集合時有必要比前輩、顧客都提早去約定地點，靜靜等待。在公司生涯之中，最重要的即是時間的管理，對新人應好好地灌輸這一點觀念。

**教訓4　時間就是金錢。不加諸別人困擾的最重要行為即是遵守時間！**

## 鍛鍊新人使其成為前輩的效能

在職業棒球界，一加入行列成為新兵，就跟隨同一守備位置學習，從私生活到運動場都要讓新人學習所有動作、行為的小組，完全是團隊活動。這是讓新人吸收前輩的優點，希望培養成一個成熟的職業選手的新人教育手法之一。即使是在一般的公司，有時也會讓新人跟隨前輩，徹底磨練一番。公司的新人教育負責人，應實施以下四項工作：

一、聆聽新人的苦惱，趁機諮商。並且，給予積極的建議，包括公私兩方面，都進行生活上的指導，成為好兄長的角色。

二、做新人所負責的工作，示範給新人看，並讓其做一遍，教導、指示新人。

三、好好地看清新人的缺點。從基本上改正這些缺點。改正缺點雖伴隨著痛苦，但即使排除新人的抵抗也要讓其親自做做看。

四、與其讓新人一起遊玩，不如與他們共同遊玩，如此上司與部屬會變得親密起來。

以上的四項，徹底讓新人去做事，藉此不斷地將新人培養成成熟的職員。上司只要作適切的建議，此一學長（學姊）制，出乎意外地順利圓滿。

進入K啤酒岡山工廠工作的Y，因為是理工科系出身的人，所以立刻被派遣至現場，然而，縱令曾在大學讀書、研修，很多一碰到實際的現場就手足無措的情形。

果如所料，進公司才三個月，他就如此這般繃緊神經，完全失去自信，甚至開始考慮退出公司。

情況很不尋常，上司也發現了，當上司問道：「Y先生，怎麼了？最近很沒精神喔！」Y便拼命地抱怨：「啊！你說對了。雖然聽說公司是最快樂的地方，但是每天重複著同樣的事情，無論如何心情都會沈悶陰鬱的。因為，學生時代所學的東西完全派不上用場，然而，雖工作之餘，晚上在研究室待到十點左右，自動自發地進行研究，但沒有得出成果，心裡又急又慌。」

理工科系出身的人，認真的職員特別多，而一旦沒有事事順利，反而橫生阻礙，則無論如何無法恢復常態、重新站起的人也很多。

因此，上司請託同一大學畢業的前輩（比Y早二年進公司）A：「因為Y先生已完全喪失了自信，所以，你是不是可以暫且充當他談話的對象，和他聊一聊？」K啤酒雖無學長、學弟制，但上司認為只要突然如此請託，或許Y就會重新站起來也不一定。

## 解說

A是高爾夫同好會的一員，具有十分開朗的性格，對後輩也照顧有加。因此，上司拜託他：「不管怎麼樣，請放下工作和Y一起去玩。」

A想要教Y自己所喜好的高爾夫球，首先，他帶以往從未握過一次高爾夫球棒的Y去練習場。他雖對教導Y所有運動之中最難的高爾夫球有點不以為然，心中不太贊同，但他心想：只要Y早晚有一天就任官職，大概就會有去打招待的免費高爾夫球機會，且一整天頭腦只想工作的事情，把工作看得比什麼都重要，是使心情沈悶的最大因素。工作固然要緊，休閒娛樂也很重要，上司拜託A的目的，即在於藉由休閒娛樂紓解Y繃得太緊的神經，恢復其自信。

但是，生性專心致志的Y，性格上熱衷於某一事物就不罷休，非得搞出名堂不可。A的指導得當，所以Y的球技突飛猛進，迅速提升，如果出場參加比賽，甚至可以輕易地打破百桿的記錄，只一年球技就成長至此一程度，令人讚賞。

如此一來，就連工作方面，Y也開始凡事向A討教、商量；喪失自信的那個Y，就像不曾存在一樣，緊張而積極地投入工作。

在這個案例之中，通常，縱令跟隨前輩學習，以工作為重心而受到照顧，遊玩仍視交往的程度，作為點綴性的活動，前輩與後輩鮮有機會私底下同遊，一起進行休閒活動，雖此一想法絕對沒錯，但現今的年輕人「寧可像歐美人一樣，為了遊玩而工作」的強烈意識，因此，因遊戲而投入工作的人，成功的比率或許較高。然而，公司畢竟仍是追求利益的場所。只是一味地將新人的培養委任給一個前輩，便等於放棄上司的責任。因此，課長或股長必須觀察前輩如何指導新人，是否適宜，即使不願意也得盡到督導之責，給予適當的建議，並投入經費，不可任意裁撤。

前輩有時會過度寵愛、放縱，即使對新人的工作有基本上的觀念問題尚待改正，仍忽略過去，視而不見；有時則有教導方法過度粗暴、蠻橫，或過度周到、嚴密，在一旁虎視眈眈地監視著。如此一來，便有可能養成一有難以應付的事情就立刻依賴別人，依賴心很強烈的職員。為了不致於發生如此的事情，有時應與帶領新人的前輩談一談，交換意見，問一問新人的情況，提供一些建議。要讓新人跟隨教育的負責人，其實也包含了其他的意義，培養新人具有將負責新人教育的主事者，養成更重要的職員、促其不斷成長的意義。

人藉由教導別人，可以同時深入瞭解一件事的來龍去脈，獲得啟發。一個新人教育負責人若站在「非得做模範給新人看不可」的立場，則一定容易成長。在親自示範的過程之中，自己也會對各項業務更為熟悉，更懂得如何解決部屬的問題。

## 教訓 5　同時鍛鍊前輩及新人。應該活用學長制！

## 教會新人快速反應

上司在部屬仍是新人的時代，應該事先徹底灌輸的觀念之一，就是讓新人養成凡事及早完成結束的習慣。學生時代從不會被時間所追逼，感受到壓力，可以慢慢地實行各項事情。然而，在公司生涯之中，做事仍舊悠哉游哉的人，未免過於天真，把工作想得太簡單了。因為，公司講求的是利益，愈早完成一件工作，愈關乎利益的獲取。

因此，讓部屬養成迅速反應被賦予的指示、質問、要求，儘快處理每一件工作的習慣，是上司應該教導新人的重要工作。

近來，儘管工作擱置不管，堆積如山就會受到指責，很多新人也不著手做事，即使被上司詢問：「你那件事做得如何了？」仍不立刻採取行動。當然，並不是本人喜歡延遲耽誤工作，而是新人心想：完成其他的工作之後再做那件事吧。

然而，這種想法是天真的。上司知道沒有任何一個在空閒時遊玩、對工作置之不理的職員。明白了這一點，便會要求部屬迅速執行工作。上司應該教導部屬此事，否則，部屬很可能嘮叨地大發牢騷：「我並沒有只玩不做事的意思，但是……」或是：「在如此忙碌的時候要我做這又做那……」「被股長吩咐做別的事情，而您竟要我做那件事。」等等。

## 事例介紹

T鄉村俱樂部的職員F，遵照公司「首先讓新人學會現場工作」的方針，被命令從早至晚從事草地修整的工作。他本人不滿，質疑難道一個大學畢業生非要被命令做這樣的工作不可？然而，他上司詳細叮囑：因為新人有必要先瞭解現場到底做些什麼樣的工作，所以才派你去學習。

不過，他本來是負責鄉村俱樂部的宣傳廣告工作，也有這方面的事情要做。有時，兩邊的工作被同時指示，工作量加倍，甚至兩邊都必須在同一時間去做。學生時代想像不到的嚴苛要求，極其理所當然地被提出來。即使心想「如此強人所難、無理的要求！」也非得回答「是、知道了！」不可。

某一天傍晚，輪值完最後一班之後，F被指示進行鑿草地球柱的圓洞工作。但是，傍晚×股份有限公司的總務主任，為了洽商刊登T鄉村俱樂部的廣告於公司刊物上，而來拜訪F。上司雖讓主任等候，告訴他：「因F現在正在回來的路上，請等一等。」但鑿開全部的洞花了一小時，因此，上司讓其他的從業員跑到F那兒，指示F中斷工作，回到俱樂部辦公室來。然而，F卻說：「已經鑿了三洞，等完成之後再回去」並沒有回來。

結果，主任等不及了就回去了。

F的做法對嗎？有時或許並不是故意怠慢客戶，失去一筆生意，但卻由於太過於盡責、不知變通，而平白地讓到手的生意飛了，像F就誤了俱樂部的大事，沒有登上廣告。

## 解說

在公司生涯之中，必須同時進行二、三件工作是常有的事情。然而，也必須將這些工作全部完美圓滿地處理，不可以疏漏其中任何一件，貽誤大事。

當然，新人並沒有如此「身兼數職」的經驗。因此，無論如何，首先有必要消除其完成一件工作之後，再去著手從事另一件工作的天真想法。

在此，應教導新人的有二點：

一是，公司裡不可以花很多時間慢慢去做這樣的工作，應該徹底、迅速且正確地完成才是；二是，同時被要求做二件工作是常有的事情。上司應教導新人，如果抱怨，那是無止盡的，永遠沒完沒了。

新人動輒認為：「如此過份的要求，真沒道理！」要推翻、打破這種想法，唯一的方法是，打從一開始便連續不斷地讓人做二件工作。雖然很多因為不習慣而兩方面全都不能順利完成，但並不礙大事。只要從一開始就不指望新人的工作都完美，就沒有什麼大問題。當然，即使研修期間做錯了簡單的事情，也不可以說出口，成天掛在嘴巴上……。

F在結束草地的工作回來之後，上司提醒他：

「F，客人已經回去啦。我讓在第十六洞傳話給你的Y替代你的工作。你竟然說什麼：『因為還有三個洞，做好了再回去。』又說：『正值十二月，且一過了六點就整個天黑了，無法進行鑿洞的工作……』」

F本人此時滿腹牢騷，許多不平不滿正待一吐為快，便擺出一副要大吐苦水的表情。因此，上司大聲叱責他：「對公司職員而言，辯解是不必要的。尤其是像你這樣不好好學習工作的新人，更不可以回嘴頂撞上司！」「從今以後，只能完成一件工作的公司職員，就是不盡力，乾脆不要來上班了。大致上每個人都同時擁有三件左右的工作，所以你也不能例外。」「經常考量事情的優先順位呀！像這一次，這樣讓人等候，並且讓他生氣地回去的狀況，身為一個公司職員，有如犯了大錯一般。」

上司徹底地說給F聽，讓他明瞭自己的錯誤。

處理工作的速度、效率，應在新人的階段同時賦予許多工作，在對工作熟練自如，但卻過著拼命而忘我的日子之中，逐漸地學習。儘管是新人，一旦藉口說：「他好像很可憐。」讓其適當放鬆，悠哉度日，那麼，工作的速度、效率，就永遠也無法提高。培養一個新人，最好要打從一開始就賦予新人大量的工作，加以磨練，愈是給予他們大量的工作，他們更能學習到東西，增加技能的熟練度，提高工作的速度、效率。

## 教訓6　打鐵要趁熱。工作應該同時進行，不斷地賦予！

# 教導新人顧客第一的原則

一進入大企業工作，就像進入一個大村莊之中一樣，四周變得完全看不見。因在其中只要全力以赴地工作，直到退為休止，公司都會支付薪水給員工，這或許是極其當然的事情。毫無疑問地，新進職員都這麼相信著。然而，公司畢竟仍是藉由與其他的公司交易而成立。因此，一旦被顧客所嫌惡，那麼企業經營就不成立了。

有鑑於此，有必要對新人特別教育「顧客的公司」，若是製造業，則必須讓新人確實瞭解，每月從公司撥入自己帳戶的薪水，是由請顧客購買商之貸款的一部份來支付，如果顧客不將那個商品作為採購對象，那麼連自己也無法生存。

雖然認為：「無論是誰都明瞭這樣的事情。」但是，新人若未接受教育，在觀念上建立「顧客第一」的原則，則不明瞭其重要性。譬如，對待顧客使用謙恭有禮的遣辭用句，如果在電梯裡遇見有可能成為顧客的人，就要立刻點頭致意，默默聆聽他們稍微不合理的苦水……等等。雖在學生時代幾乎不費心勞神，一切都是美好的，但對領人薪水的公司職員，必須告訴他們，以上態度的是不管用、行不通的。

**事例介紹**

進入N人壽保險公司工作的K，在堪稱超一流的金融機關而歡天喜地。連走在街上都要戴上N人壽保險的公司徽章，完全像優秀份子一樣，充滿了自信，精神奕奕、氣宇軒昂地走著。

K分派的地方是不動產部。儘管N人壽保險在全日本到處都擁有辦公大樓，但唯獨維修保養的推銷、房客進入室內的申請、各種材料的採購委託等工作絡繹不絕，好像永遠做不完似的。

「K先生，偶爾去喝一杯好嗎？」「想要送你中元節的禮物，請告訴我府上的地址。」「請告訴我您的生日。」諸如此類來自客戶的應酬來往，即使像最近才進公司的K這樣新來乍到的人，也都沒有丟下不管，努力配合，因此受到特別誇獎，上司極力稱讚他。

這並不是K很了不起。雖N人壽保險有「業績英雄榜」，K也常被揭示在看板上受到表揚，但他不知不覺地變得自豪、驕傲，逐漸地擺起架子來，態度變得倨傲無禮。事實上，他似乎全然不知正是承蒙客戶加入保險，才使公司茁壯，成為全國數一數二的大公司。

上司有必要教導部屬「顧客即公司」的觀念。有顧客的支持，公司才得以維繫生機，顧客是公司的命脈，建立了「顧客至上」的觀念，才能無微不至地服務顧客，以細心、體貼抓住顧客的心，以招徠更多的顧客。成功的公司，都是將顧客擺在第一，以滿足顧客的需求，而成功的上司，則應善加教育部屬，以滿足顧客為前提。

## 解說

企業的目的是為了顧客而運作。它經常被問到的問題是：如何才能提供更好的商品（指人壽保險）及售後服務？

尤其是人壽保險公司，帶有提供客戶「安心」的重要使命，即使犯了錯誤，也不可以認為：「N人壽保險是超大企業、了不起的公司呀，不用怕！」因此，上司對K發出命令，讓他在位於新宿的分公分擔任一個月的業務工作，也讓他與女業務員一起一家家地奔波拜訪，徹底地教育K，客戶是如何地重要。

一般認為，保險的銷售是業務工作之中最困難的一種。如果被認定可以辦得到保險的業務，完成銷售的業績標準，那麼，之後也會被認定什麼樣的業務都可以勝任愉快，可見其困難度。要重新鍛鍊K，是一項絕佳的工作。然而，因為讓他作為一個業務員，所以本人也徹底累垮了，有點受不了。如果是擔任內勤的工作，那麼，雖可用公司的名義輕輕鬆鬆地完成如國王般的工作，但身為保險的銷售人員，外出招募保險，就不能如此輕鬆了。從事業務的工作，就可以明瞭：公司是因客戶的支援與忠誠度之多少而成立，沒有客戶的支持，就沒有公司的存在。

K只一個月就變了一個人。這意味著，比起上司嘮嘮叨叨的說教、吹毛求疵的要求，實踐訓練更有利得多。

新人教育的初步，是經常懷著感恩心情。由於進入公司此一巨大的「齒輪」之中，怎麼也看不見整體的情形，因此，有許多變得不太清楚什麼是值得慶幸、感謝的例子。

所以，應教育新人以態度、行動去表示感恩的基本動作。因為新人對客戶的感恩實感還很少，無法實際體會客戶的好處，首先應從形式來教導，然後讓他們能真正感受到客戶的好處，懂得感謝。要使此事成功，最好是像K這樣突然地將新人丟在實際的工作現場，讓新人親身去學習，或者，讓現場工作單位的上司及前輩級的工作夥件，親自示範給新人看，讓新人明瞭實際上接待客戶的態度。

有鑑於此，上司及前輩當然必須注意自己的言行舉止才行。新人會目不轉睛地盯著上司及前輩的態度，作為榜樣。結束客戶之中重要的客戶商談回公司之後，上司應無意之中口裡漫不經心地說出真心話：「○○公司的人實在是難以商談，好辛苦呀！因為關西系的公司是通達世故、深語事理，個個不簡單呢！」等等，一旦看見上司說客戶的壞話，新人就會立刻靈活運用方針及原則，成為一個圓滑的人，甚至成為狡猾奸詐的職員。

就此意義而言，是無法教育職員正確觀念的，也就是讓他們明瞭「薪水是承蒙顧客賞賜」，沒有顧客就沒有薪水的來源。顧客即公司，公司即顧客！

## 教訓7　要讓新人學會銘記一件事：公司是客戶的，不是自己的！

## 行事先求正確，然後求快！

凡事有必要擬定計劃，對新人進行教育的時候，也一樣有其順序。

首先，一開始先教導新人「在公司的工作上，錯誤是不被容許的」，公司職員是背負了商標、被視為專業工作者的。縱令是新來乍到，但對方仍當作公司的代表者而考慮。這是極其重要的一點。因此，必須教會新人：公司的工作不容許犯錯，失敗會使公司蒙受巨大的損失，遭到嚴重的打擊。

如果要說迅速度及正確性，哪一個的順序排在前面？那麼，還是正確性更重要，應列為優先。在新人的階段雖也被要求速度，但卻不可以指示：因為犧牲正確性也無妨，所以要快！上司絕不能如此教育部屬。即使是中堅階級的上司作如此的指示，雖認為真正犯錯也無所謂，可以安心，但新人會不折不扣地將指示信以為真，放手去做。因此，這是非常危險的，無法委任重要的工作給新人。

然而，對新人說：「即使慢一點也沒關係，要把工作做得正確！」是不對的。因為，這會變成習慣。毋寧說，對新人先作出儘早地完成工作的指示，然後上司檢核這些工作，才是上上之策。

### 事例介紹

進入Y快遞公司工作的O，無怪乎進了一家成長迅速的公司，在接受了新人教育之後，立刻代理配送負責人的職務。他很快就從事指示配車及裝載貨物的職務，擔任主管。

快遞公司的使命，在於更迅速、更正確地將貨物、包裹送到客戶手中。因此，O對每一位司機先生指示：「萬一客戶不在時，請把東西放在附近，沒有鄰居時以帶回來為原則；但是，要多多設法不再送第二次，下工夫研究如何節省時間為前提。」

有一天，將貨物送到某家公司裡面的司機，在玄關看見一張紙條：「現在沒有人，貨物請不要寄放在鄰居處。以免造成鄰居的麻煩。」他雖有點困惑，不知如何處理才好，但記起O的指示，所以大膽地寄放在鄰居那裡就回來了。但是，那一家鄰人向Y公司大吐苦水、連聲抱怨，並氣勢兇兇地說：「請立刻道歉，否則就去告你們！」公司與住家這兩個地方之間，有著微妙的人際關係，有時即使從外表看來關係似乎良好，實際卻全然不同，關係非常惡劣。無論如何，兩者是處於利益衝突的立場。那一家鄰居也正因為基於保護自己的立場，而在這種情形之下，才張貼了「請不要寄放物品」的紙條。

O自己雖並未送貨物過去，但指示司機送貨的人正是O，因此，O似乎犯了錯，他不該作出如此的指示，應確定貨主在公司，有人可以簽收，再讓司機送過去，將客戶的貨物寄放在其鄰居處，是新人的大失敗。

為最優先不可。快遞業務的競爭對手很多，正因如此，所以雖明瞭心裡急於成功，但此時卻犯了重大的錯誤，這是忘了將顧客的要求及希望擺在第一位加以考量的結果。

## 解說

那家公司的人員討厭養成向鄰居借某樣東西、欠人人情的習慣，就連和鄰居發生什麼爭執也不被列入考慮，凡事以和為貴。因此，即使配送慢了一些，也應該留下連絡的字條：「×日×時前來，因無人留守，故會再來一次，請以電話通知方便的日期、時間。」再回公司，不可以擅自作主寄放在客戶鄰居的那裡，如此既造成客戶的不便，也帶給客戶鄰居的麻煩。

這雖是偶然碰巧浮上檯面的事件，其實諸如此類的事件不勝枚舉，只是未表面化而已，但○自己以速度第一，比什麼都來得重要的觀念，是大錯特錯的。因此，上司對○諄諄教導，誠懇分析給他聽：「指示司機儘快送到並不是壞事，但是，畢竟還是要以沒有疏漏為前提。客戶的指示是絕對的，不容分說。今後絕對要遵守這個規則。」

然後，對司機們也傳達此意，並附帶一句「請小心謹慎」。

這並不限於快遞、送貨到家的工作。雖然因被賦予的工作性質而多多少少有差異，但上司必須一直以「三階段」式的觀念教導新人，讓他們遵守工作的步驟：①首先，正確、安全全地達成任務。②更加迅速。③再者，更加積極地投入工作（不過，從事有完整指導手冊的工作時，就稍有不同了，因為這個時候讓新人按照手冊去做，是正確的指導方法）。

新人的指導、教育，必須實施已擬訂順序的做法才行，否則，他們會迷失方向，慌張失措而不知如何是好。

對新人應根據時間及場合，讓其急於成功，從事比同期進公司的夥件更引人矚目的重要工作，讓其得以成長，成為大將，因此，雖只要順利圓滿地達成任務即可，但對人而言「順利完成」的工作，並不容易，因此，一旦一廂情願認同隨心所欲的做法，就會遭到失敗。

讓新人反覆幾次嘗試小的成功體驗，是正確的養成程序。並且，要讓新人喜於自己「對這家公司有所幫助，不是無用之人」。小小的成功，即使對上司是微不足道、沒有價值的工作，但藉由讓新人獲得成功，品嘗自我肯定的滋味，可以讓新人增加自信。

一個優秀的上司，會賦予一個新人所最擅長的工作。即使這件工作乍看之下似乎很困難，但實際上，只要試著去做就明瞭是十分簡單的工作。

## 教訓8　不能弄錯養成新人應遵循的順序！不能弄錯賦予的工作！

## 讓新人寫企業人文章的要領

最近的學生，對寫文章感到極為棘手。如果讓他們說話，那倒溜得很，實在令人驚訝。雖在衆人面前就怯場，完全無法思考，但一寫文章就可以文筆如流的人是少之又少的。當然，學生時代如果除開畢業論文，都是為了自己的備忘而寫的筆記，並沒有採用讓人讀得懂的書寫方式，常是潦潦草草亂畫一通，只有自己才看得懂。

企業人作文時就截然不同了，非得讓人看得懂不可。甚至要讓對方感動、讓人喜歡、讓人瞭解，才是必要的。即使認為自己已可以寫得很好，如果文章受到別人的批評，那就什麼也不是了。因此，訓練新人書寫文章，即使多麼拙劣、愚蠢透頂，被別人輕蔑、鄙視也無所謂。

總而言之，先讓新人明瞭這一點，然後讓他們仔細、鄭重其事地書寫。不寫錯字、不漏字、字體工整也很重要。因為最近的年輕人喜歡玩弄機器，所以，使用個人電腦及文字處理機練習寫文章也很不錯。教育新人，讓他們能寫出紮實的文章，上司就輕鬆多了。對一個企業人而言，文章能力是不可或缺的重要因素！

**事例介紹**

M建設公司的D，在職前教育訓練之後，被分派到仙台分公司。在總務部每天製作向政府機關及客戶提出的文書，是他主要的工作。

D認為，儘管是建築業，但最初應開始被派遣至現場，被命令見習。因為大學時代就參加了美式足球社，所以對體力具有自信。有鑑於此，他選擇了體力為勝負關鍵的建設公司，進入公司服務。

但是，一開始仍停留在鎮日坐在辦公桌前從事事務性工作。

在M建設的總務部，讓新進職員做寫草案的工作已成為慣例。有一天，D作成向建設省的仙台出差所提出的文章，既有指導手冊又有範本，D雖是新人，但他特別遵循指導手冊，忠實地書寫。雖通常股長、課長一定會檢查文章，但那個時候，二個上司全都為了在東京總公司舉行的大計劃磋商而上東京。萬不得已之下，D沒有檢查那篇文章就提出去了。

果如所料，從客戶那兒掛來了抱怨的電話。文章與以往的習慣不同，有不合情理的內容（交易條件）及三處錯誤，即是抱怨的內容。

後來，課長檢查了他所留下來的複寫稿，重新教導了他數次。並且讓他寄給對方重做的文書。總而言之，他想盡辦法溫和而不疾言厲色地解決問題，讓事情圓滿地落幕。身為一個上司，細心、耐心教導部屬是基本的條件。在訓練部屬書寫文章、製作文件時，尤其需要更多的細心、耐心，反覆地指導部屬。

這一次D所犯之不可思議的重大錯誤，是寫完文章之後，沒有請前輩看一遍，或是沒有傳真給待在總公司的上司，就送出去，也就是沒有要求確認。因為這一點紕漏，所以變成一項大錯。

因此，上司教導他：「因為今後一定得要求某位在你身邊之上司的瞭解或確認，所以即使不是直屬上司也無所謂。」由於他以往一直書寫同樣的文件，雖認為這樣就沒有問題，但他尚為一個新人，畢竟仍無可避免地犯了錯。

## 解說

這一次雖查明了「確認上的疏失」是失敗的主要原因，但如果要改正根本上的原因，那麼，D君自己本身就無法製作正確的文件，又成為一大問題，如果D自己好好地做，每一步驟都很紮實，那就不會發生這樣的問題了。

因此，上司藉此機會讓D製作數十份包含所有事例的文件，然後，讓他重新閱讀數次。因為，上司認為「他只要能瞭解意思即可」，這一點想法也大有問題，文件應讓人明白，容易閱讀，不可以含糊不清。另外，也教導他一定要將文件的要點，列舉條款出來，因為，過長的文章，有無法完全表達希望說出事情的弱點。

讓新人擅於寫文章且寫得正確的最佳方法，應是讓新人歷經多次經驗，從經驗之中去學習。也就是說，最好讓新人習慣文章的寫法。因此，即使是平日用口頭表達就可以了事的案件，也一定要使用文字處理機等工具，使口頭的傳達文章化，形諸於文字。雖剛開始會覺得非常麻煩，但養成習慣之後，就會變得理所當然，開始毫不在乎了。

另外，上司對下屬所提出的文件一定得過目一遍。如果原封不動地擺在桌上，不去閱讀，那麼，新人就會頹喪、失望。上司對新人放入「待辦」公文夾的文章，一定要過目、改正錯別字，然後還給本人。

此時，也包括部屬認為「這種程度的文章，即使怎麼寫都沒有問題」的情形，部屬的所有缺點都要徹底幫其改正，看到自認為「這樣的程度，怎麼寫都可以，不是嗎？」的地方被加上紅字，淨是批註，新人或許會受到刺激，這並無妨。給予新人刺激，正是加註紅字、批改錯誤的目的。

另外，這種紅字也有其他目的，即改正新人學生時代自由奔放、任性不羈的缺點。學生時代極少有被別人所規範的經驗，所以需改正不受拘束的缺點。為了教導新人，讓他們明瞭公司並非隨心所欲、隨興所至的地方，要將文章分割得零零碎碎的，一一指導，即使新人來質問：「為什麼？這個地方不這麼寫就不行了呢？」也絲毫不必回答。目光銳利地凝視著新人，告訴他們上司的憂慮、害怕吧！

## 教訓 9　文章能力乃身為一個企業人的能力。應該嚴格檢核！

## 公司是由互助精神所成立

新人時期任何人都會為了有關自己的事情而竭盡全力，努力以赴。這是大家都非常瞭解的一點。然而，雖可只關心有關自己的事情，完成自己的工作即可，但如果稍微習慣了，那就有必要主動地安排新人培養體貼心，關心他人都正在做些什麼樣的工作？養成即使未受到上司的指示也自動自發地幫助別人做事的習慣，讓新人認為，上司作暗示時，假裝前輩的樣子給人看，空閒時坐著一動也不動是錯誤的，是公司職員的基本態度。上司必須教導新人，可以悠閒自在的只有休憩時間而已，其他的時間都不可以偷懶。

如果以歐美觀念來思考，那麼，除了被分配的工作之外，不必去做其他的工作，這是天經地義的想法，只有如此合理的觀念，想要老練地模倣歐美的做法，表現自己會算計、老奸巨滑的一面，即是現在年輕人的想法。然而，上司的確有能言善道派頭的人，必須避免無謂地說：「這樣就可以了呀！」一味地迎合年輕人。

日本人創造出冠於世界的經濟大國，正是因為團結及互助互利的精神所致。個人主義是行不通的，至少，上司必須教導部屬在公司裡不可以忘卻互助的精神。

進入S百貨公司工作的T，是不折不扣的新人。在S百貨公司，全體新人與女職員一起到賣場工作，讓新人從事二年與顧客接觸的工作。所謂的學會在現場與顧客來往，包含了賣方的辛勞，進而研究顧客所喜好的商品，商品的陳列方法及將來當賣場的負責人的研究等意義。與顧客的接觸，可以說是一門複雜的學問，不是那麼容易學會的。

T被派到運動用品專櫃。雖然是在賣場做事，但並非一整天都站著，而是採取輪番交替休息，以兩人一組的方式站在賣場。

有一天，顧客突然擠進來，賣場忙碌不堪。然而，T因為心想不是自己值勤的時間，所以完全不想幫忙。他認為連休息時間也被剝奪，身體會支撐不住，或者，幫忙對同事也很失禮，於是完全沒有伸出援手。由於平日未曾有過如此眾多的顧客蜂擁而至，因此後面接班的兩人顯得手忙腳亂，驚慌失措。然而，T佯裝不知的樣子，像個若無其事的旁觀著。

工作結束之後，其他兩個同事向上司告狀：「T雖然的確是休息時間，但是，我認為忙碌的時候他多少可以幫忙一下，不是嗎？請不要再把我們和他編在同一組，我們已無法容忍下去了，他太沒有團隊精神！」在以團隊工作為重要因素的賣場，一旦有如此的情形，那就大傷腦筋、難以處理了，有時甚至演變成不可收拾的局面。雖然仍在研修期間之中，但上司仍決定叫T來，提醒他一番。

## 解說

無論是在什麼樣的職場，是否公平分配工作，並非絕對的，每個人的工作不一定都份量相當、責任相等。即使工作分配得很公平，每個人仍有能力上的差異，在工作的速度、效率上，也必定會出現差異。

工作告一段落的人，以佯裝若無其事、事不關已的樣子，一邊喝茶，一邊休息。而旁邊工作尚未完結的人，正汗水淋漓地與工作糾纏著，無法脫身。這樣的光景，無論在哪一個職場都可以看得見。

工作尚未完結的人留下來加班，竟然有人在一旁假裝一副蠻不在乎的樣子說道：「再見了。我先走了，失陪！」然後大搖大擺地回去。這便是一般的例子。

休息時間是本人的特權，完全沒有必要去幫忙他人，當作一種工作上的義務。或許本人正很疲勞，而且，接著時間一到，又非得再度回到職場，重新投入工作不可，養精蓄銳當然也很重要。

然而，這是原則問題，並非一成不變，當顧客不斷擁來時，儘管正在休息時間，也應該去幫忙。上司必須教導部屬這一點才行。如此一來，自己忙碌時，反過來就有人來幫忙，大家互相幫忙，不分彼此。沒有互助合作的精神，公司就沒有繁榮的前景。

尤其是百貨公司，做客人買賣生意，顧客自然擺在第一位，無論如何，必須以顧客為中心，組成工作的輪班制度。要做到此一地步，更必須從新人時期就灌輸他們一個觀念：固定在一定的時間休息固然很好，但忙碌的時候還是要幫忙他人的。

上司對T教導如下：

「在職場裡，團隊工作是非常重要的。況且，這個工作是以顧客為對象的生意買賣。為了發揮團隊精神，甚至犧牲了休息時間投入工作，雖然是一件很辛苦的事情，但工作忙碌時非得臨機應變加以對付處理不可，不能眼睜睜地看著整個團隊的工作拖延、耽誤。儘管互助合作也有一定的限度，但在這個時候，即使未被邀請幫忙，身為工作夥伴，自己也應該飛奔而去，鼎力相助。此時，必要的心態是體貼一同工作夥伴的心，多多少少對業績也有助益。」

身體狀況不佳，儘管想要幫忙同事也心有餘而力不足，或者，休息時間有一些事情必須外出時，也應告訴同事一聲：「有一點不方便，對不起。」「身體狀況很差，所以……」等等。最近，新進職員之中，雖主張自己的權利，但不負起義務的人很多，請記住，一旦成為企業人，這種心態就行不通了。

## 教訓10　應該讓新人明瞭，有互助合作的精神，公司才有發展！

# 第二章

# 讓新人成為精於程序的十大要點

## 謹慎客氣地發出指示，這是基本原則！

認為新人什麼都不懂，很多管理者不論大小事情，凡事都詳細地加以指示。這雖是出自親切的善意，想要體恤部屬，但新人往往會因此成為一個迷惑而一籌莫展，或是等待指示、無氣力的職員。

甚至連新人也瞭解的事情，也鉅細靡遺地加以指示，嘮叨地說：「以如此的層次去做！」「這一點易於失敗，要多加注意！」「這一點應該最重視。」即使優秀的部屬也被弄得莫名其妙，只能在一旁嘔氣、彆扭。

連細部也被一一指示的部屬，會懷有不平不滿，心想自己是不是非常不被倚重，很不可靠？然而，因為是好不容易才進的公司，只要根本上不打算辭職，就會說：「明白了。」「我會照您所說的去做。」等等，在表面上還是希望迎合上司的心意，不違逆上司的指示。為了不養成這樣的職員，應大致指示一遍即可，有時間的話最好指導一番。另外，中途偶爾觀察其情況，若未按照指示去做，只要修正其偏離軌道的方向即可。此時也不必說得非常仔細，若有一些錯誤，上司接下來讓部屬改正即可。寬容部屬的錯誤，不多深究，不可以嘮嘮叨叨地數落，如此方式，新人才能健全地成長。

**事例介紹**

服務於S市公所的M，連新人的研修都未參加，就立刻被派出櫃檯。儘管承蒙身旁的前輩凡事盯著看，給予指導，但因為從簡單的工作開始去做，是這個市公所的慣例，所以並沒有太困難的工作，尚可勝任愉快。

承辦印鑑證明或身份證業務，將文件交給客戶，即是M的工作，這些並非困難的工作。然而，最近有人對政府機關業務發出強烈的反彈，有著滿腹的牢騷。雖是市公所，但已非擺官架子、高高在上做事的時代了。

因此，工作之中經常被要求對客戶具有「請讓我為您效勞」的謙虛態度。彬彬有禮的待人接物方式、親切的應對、迅速地處理工作（因為政府機關的人員全都懷有「讓客人等待是很平常的，不必在乎」的心態），課長徹底地指示M，希望他做到。因為進入市公所之後立刻被派到櫃檯，作為第一線的「戰力」作用，所以課長很擔心，並詳細地加以指示。

然而，M是這樣的新人，縱令是剛走出學校不久的學生，在進入市公所的時候，也逐漸覺悟，面對客人應有的心理準備。因此，對上司有所不滿，迭有怨言：「已經完全知道的事情還嚴加申斥，說個不停！」他不只是不滿，膽怯得完全畏縮了，入市公所半年左右就陷入神經衰弱的狀態，於是辭去市公所的工作，轉業到中小企業去。

他終於脫離了總是無法進入情況的公務員世界。

## 解　說

在這個案例裡，問題並不在於工作內容的本身、教育M彬彬有禮或如何做事的方法。最近的年輕人，上司一旦教育有關工作方面的事情，雖會率直地聆聽，但關於禮儀、規矩等教養，卻表現出「這樣的事情已瞭解了，不必再多叮囑」的態度，不想多聽上司嘮叨。

之所以如此，也是因為在研討會的授課老師，吹毛求疵提醒才畢業，所以對禮儀、規矩具有某種程度的自信。或許是因為，「無論家庭或學校都完全無法做到教養的工作」的傳聞，被人事課長之流傳開的緣故，意識到這一點，在畢業之前，開始接受特別訓練，讓他們適應社會環境，融入公司文化。雖是學習研究進公司的測驗問題，在同一程度上臨陣磨槍，拾人牙慧的應用，但連他本人也充分地意識到，自己是為了不至於露出馬腳、顯現能力不足的破綻而被教育、訓練著。

因為經過如此教育訓練才進公司來，所以M內心想著：事到如今，即使不被吩咐的事情也瞭解呀，何必多此一舉再說一遍。M的情形，也是充分地認識到，用以前市公所櫃檯的應對方式，現在已行不通了，才進公司來的。儘管如此，由於課長一一詳細地提醒：「客戶懷有一種潛在意識才前來政府機關的櫃檯，那就是政府機關都採取蠻橫無禮的態度做事，但公司就大不相同了，客戶至上，所以……」因此，他完全納悶起來，不知所從。即使要提醒他，上司最好還應附加一句：「M先生，你好像在學校及家庭受到良好的教育，我可以放心，雖然你被監視、觀察著……」

新人對上司的一舉手一投足提心吊膽、畏首畏尾，是理所當然的事情。因此，上司即使要提醒，開場白也應附加說明提醒的用意，譬如，給予新人體貼的提醒：「你可以做得很好，我可以放心，雖然被監視、觀察著，那也是因為其中有人很無能啊！」

上司很容易作出過於詳細的指示，說出：「他不想自己去思考事物，所以很令我傷腦筋哩。」或者：「最近的新進職員，以等待指示的被動類型居多。在學校一向接受這樣的教育，為了升學考試而讀的書，或許形成了無法發揮創造性的因素。」等等，上司嘮叨地抱怨，對有關自己的事情佯裝不知，置之不理，這是毫無道理的事情。即使是年輕人，也隱藏著無限的可能，不必凡事鉅細靡遺地指示。

對部屬作各種各樣的指示、提醒，是上司天經地義的事情，此時應盡力忍住不說，只說三分之一即可停止。如此一來，新人也會充分地思考，顯得朝氣十足、活力充沛，並且能力也不斷地成長。因為有過於優秀的上司，所以沒有養成優秀的新人，原因即在於此，上司應給予部屬空間，讓他們自我成長。

**教訓 11　指示、提醒等，應儘可能減少。只要讓新人思考，就會迅速地成長！**

## 採取措施的時機很重要

你的每一個部屬都是不同的個體，能力都不一樣。因此，不可以一視同仁，一旦不分青紅皂白，平等對待每個人，不但有能力的人會被摘掉萌生能力的新芽，無法大大地成長，同時也無法指示沒有能力的人，領導他們。

讓部屬做事的方法，應根據對象而採取不同的方法。不過，縱令善用了一個人的能力，歸根究柢還是新人，上司必須根據部屬的類型，採取不同的措施。援助部屬是上司的任務，連續不斷地幫部屬修改、補充，但卻沒有任何問題。

然而，在此應該注意的地方。即使支援部屬，雖然會一直提高部屬的能力，但仍不可以立刻出手進行，此時，如果採取措施，幫忙得太厲害，那麼部屬就會有上司會給予援助的念頭，變成依賴心強烈的職員。

因此，一聲不響、目不轉睛地觀察著部屬痛苦的情況即可，一旦超過不必要的放任，部屬就成不了大事，這是援助的最低底線。

當你感覺：「好像很辛苦呢，要不要略微幫忙一下？」才開始出手援助。不可以藉口部屬的可憐而立刻去幫忙。不寵溺部屬比什麼都來得重要。

進入Y產物保險公司工作的H，被分派到淺草分公司。產物保險公司的年輕新進男職員之主要工作，是巡迴於各代理店。

產物保險每每被人認為處理火災保險、汽車保險的保險業務，但事實上，它是處理老人的看護保險、年金式保險等等，一般人壽保險公司的女業務員，都想處理的所有保險。

代理店一旦無法運作，發揮功能，為了達成業績目標，H就自己訪問客戶。然而，一個二十四、五歲的年輕人去從事素昧平生、很不熟悉的家庭拜訪，並立刻取得訂下契約的業務，並不輕鬆容易。上司一監督著，部屬就積極向上，完全處於被動的地位，連業績目標的一半也無法達成。

因此，經理自己來支援他、幫助他。千方百計地設法，而他也持續好幾個月達成業績目標。但是，他對此已習以為常，只要稍有一點不順利，就會開始毫不客氣地說：「經理，對不起，請幫助我。」變成一種習慣，以後一遇困難就指望援助，惡習難改。

然而，如果達成了被賦予的業績目標，就完全看不見再嘗試超出這個目標的企圖心，變成沒有氣魄的職員。

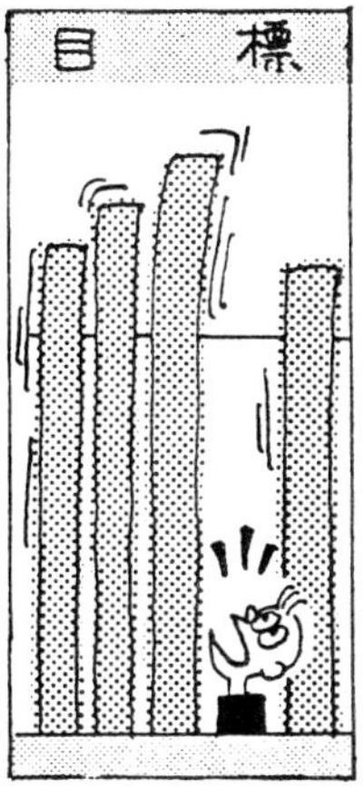

H的情形，雖上司有必要激勵、教育、指導他，但事實上，甚至到了伸出援手幫忙他取得保險契約的地步，所以他變成依賴心很強的職員。若以教育孩子來說，則等於培養出受到過度保護的孩子。

## 解說

依賴心是退步的開端，更糟糕的是，向更大的目標挑戰的氣力一直未燃燒、沸騰，致變成「小鼻子、小眼睛」，沒有企圖心、不知進取的職員。一家公司一旦只有消極的職員聚集著，很有可能就會在不知不覺之中破產倒閉。

那麼，究竟應如何做呢？要援助部屬，有一非常重要的注意事項。既不可以做過頭了，也不可以完全不知道狀況。如果插手太多了，就會變成像前述的情形一樣；而假若完全撒手不管，任由部屬發展，部屬則會毀滅，因而本利盡失，一無所有。為了培養強勢的職員，有時必須照料他們。

問題在於處理的分寸，應斟酌一番該援助多少。能在發生危機的關鍵時刻伸出援手，讓部屬身心雙方都重新站起來，再度燃起旺盛的挑戰意志，是很重要的，但千萬不能超過分寸，使部屬變成無用之人。

據說，獅子的父母將孩子推落千仞的谷底，藉此培養一個只會一直往上爬的孩子。即使現在的教育沒有做到這種程度，但基本的態度是相同的，都是培養新人積極向上的精神，也就是說，儘管是新人，在本人受不了而支持不住之前，仍不能說出要伸出援手的話，最好是等本人發出求救訊號再去支援。所謂的公司，一旦判斷可以憑一己之力將工作貫徹始終，則即使勉力而為也要自己去幹。因為，潰敗不振的人無論從事什麼樣的工作，也應該會成為一個退出社會跑道的落伍者，永遠被已定型的社會所淘汰。

照料部屬的觀念，還有一點也很重要，當上司向部屬提出要求，要他們做到超出以往理應憑本人之力去完成的工作量，希望他嘗試更多工作，最好是逐漸伸出援手給予支持。達成目標的感覺成為「種子」，培養形成朝向更大目標挑戰的機會。

無論是什麼樣的工作內容，正因為不斷地積極向前，挑戰自己的極限，公司才得以一直發展下去。而不斷挑戰的歷史過程，即是一個公司的發展歷史。其中，既有優秀的職員，也有不斷勇猛提出要求的人：「課長，因為我正在做，只要不宣佈中止放棄，那就請不要插手，採取某種措施。」部屬必須勇敢果決地提出這樣的要求。

不過，因為上司不可以讓部屬遭到失敗，所以不可以忘記繼續不斷地監督、觀察，在必要的時候適當地給予指導，糾正錯誤。上司一面要指導下屬，一面要給予下屬成長的空間，讓他們自由發展。

**教訓12　應該慎重地援助。在即將沈溺之前付出是最有效的！**

## 客氣使部屬變成無用之人

在上司之中，有一些對部屬很客氣的人。這種上司往往以剛剛當上管理者居多。這種人也有兩種類型：一種是真正的客氣，連想說的事也說不出來的懦弱、膽怯。另一種則是，儘管到哪裡都不明瞭是否應深入考慮部屬的大小事情，一直袖手旁觀，而認為：「不去囉嗦這樣的事情不是為了部屬好嗎？」

無論哪一種，因為都是經驗不足及懦弱膽怯所致，所以可以認為作一個管理者要一直擴張組織是靠不住的。就此意義而言，這些主管們的部屬也被培養成懦弱的職員，將來當上管理者，他們會採取同樣的態度去對待部屬。這就像幼兒體驗被輸入潛在意識之中一樣，不易改變。

這樣的上司該怎麼辦才好呢？基本上，此時上司所感受到的事情，最好不管什麼樣的事情都對部屬說。不可以迷惑於該怎麼辦才好，而不知所措。因為縱令是新進職員，也會不斷地在心底輕蔑上司：「普通的時候上司應該說些話，但是……，我們的課長因為才剛剛上任，所以很客氣，不敢說話。」

上司一旦被部屬看輕，從那一瞬間起，上司就不成上司，沒有份量。

**事例介紹**

I工業是家電製造廠商，W進公司時逐漸成為不景氣的產業。公司內部的氣氛很凝重鬱悶，士氣高昂不了。W的工作是以製品庫存管理為主。

但是，基於公司的方針，讓新手的年輕職員到銷售代理店去支援業務工作。W也不例外。每天出了公司之後，他前往所負責的杉並區、中野區的銷售店，幫忙賣產品，協助銷售額的成長，提高業績。傍晚回公司之後，則要報告當天一整天的活動內容。儘管是幫忙，但沒有成果的話，實施此一方針就沒有意義。

不過，W很溫馴老實，至今都未提高一點業績。從進公司開始，他連做夢也想不到自己竟然要從事業務方面的工作，所以有時心情很不痛快，非常不如意。上司雖因這樣的事情而大傷腦筋，但仍無法客客氣氣地激勵W：

「再不更拼命地幹，不就很無能嗎？加油吧！」

人有時會因頹喪而一直消極下去，就像水往低處流一樣，一蹶不振。只要不合上司的意，則像業務這樣的困難工作，無論如何是辦不到的。

W以外的新手都已得到恰如其份的成果，因為，上司對他們毫不客氣地激勵及指導。唯獨W，完全不見成果，結果，不管上司或W都陷入被公司叱責的窘境，上司指摘督導不周，W則被責備工作不力。這樣的情形，對兩人來說都很不幸。

## 解說

這個案例，問題並不在於叱責W，重要的是：如何去做才能使其獲得成果，該如何使其恢復信心？關於這一點，只要教導其獲得成果的辦法即可。而該如何做，W應該也明瞭要領何在才是。不過，叱責W：「再不提高業績不就顯得很無能？」有時並無意義，起不了任何作用。

所謂對部屬毫不客氣且清楚地說明事情，在此的意義，應是指與其一一詳細教育提高業績的方法，不如教育從事業務的方法。因此，如果部屬有搞不出業績的情形，那麼，只要實施職務實際操演法等即可。也就是讓部屬把自己設想成企業領導管理人員，以使他們找出工作上的問題，深刻地瞭解人事問題，增加他們工作的積極性。

不過，如果看見本人努力不足時，那就必須叱責一番才行：「再不拼命加油、全力以赴是不行的，不是嗎？」一旦不叱責，其他的部屬就會以輕蔑的眼光看待上司。總而言之，會導致部屬不聽上司的話，不易使喚。

但是，不可以只對一個新人進行指導。從這樣的小地方開始，組織全體會一直鬆懈動搖下去。因為，全體工作人員並不想觀察上司的言行舉止，卻不經意地看見了，儘管W似乎很可憐，但仍有必要再予強烈地激勵一番。

萬一你這個上司是個中堅幹部、高級職員，只能客氣地對部屬說出心中所想的三分之一左右的話，那麼，即使將新進職員犧牲掉，也必須提振全體人員的士氣，使衆人戰戰兢兢。

這個案例也是如此，W顯出洩氣的態度時，即使後來上司叫來W，要他跟隨衆人的腳步，但仍有必要用大家都聽得見的聲音大聲地說：「W，你究竟為何做不到這樣的事情，該不是運氣不夠吧？」以警告W。這種警告工作，要利用餘暇去做。警示部屬是有必要的，這要找空閒的時候去做。無法做到這種程度，作一個主管，是令人擔心的。

對非得提醒、警告不可的部屬，應立刻當場提醒：「不行喲，你要加油！」雖同情乍看之下往往被誤以為自己是被尊為通情達理、能言善道的上司，但是，結果往往適得其反。毋寧說，上司藉由常給予提醒而讓部屬認為：「這是由衷關心我的證據。」不這麼做是萬萬不可的。不，可以說實際上提醒是很重要的，所以常給予必要的提醒，部屬真正會認為上司很關心他們。

應該說而不說，是對部屬沒有真正的愛心的證據。叱責頭腦好的部屬，會發覺上司正同情、憐惜自己，希望改正自己的缺點，並不會懷恨在心。不，他們反而會感謝上司的殷切叮囑、面授機宜，由衷答謝上司的愛心，因而更加奮發向上。

**教訓13　該斥責就斥責。是成為優秀上司的條件！**

## 叱責方法也有技巧

上司提醒、警告部屬時，除了在前項所敍述的例子之外，在衆人面前讓部屬出醜丟臉的做法，並不太理想。有時還會被嫌惡：「我們的課長是個討厭的人。是不是絲毫不懂人的心理。」因此，基本上最好是召喚部屬到某個地方提醒應注意的事情，而在全體人員面前不叱責部屬。

有時懦弱一點的部屬會受不了被當衆叱責，而急驟地失去幹勁，無法重新站起來。尤其是新人，比起私下提醒，在衆人面前出醜丟臉的屈辱感，更具有強烈的影響，使他們忘記被叱責的內容，有時在認真思考被警告之前，就先誤解上司的一番好意，當作是歹意。

如此一來，提醒、警告就沒有意義了，因為，提醒、警告的目的是讓人積極向上。因此，為了告訴部屬自己的憂慮、害怕，除了犧牲部屬之外，最好應在個別的房間叱責。不過，對不良職員，凡事都會認為他們「那個傢伙是無可救藥的人，工作偷懶，又愛抱怨，與同事之間也不來往、交際，希望幹掉對方」的職員，在全體人員面前叱責「你究竟在搞什麼鬼？」畢竟在振作衆人精神上仍是很有利的，不過，這可以說中堅職員的情形，新人裡大概少有這樣的人。

進入T汽車工作的A，被分派至企劃部宣傳課。T汽車在業界算是最大的企業，且宣傳活動也活潑。儘管多少出現一些陰影，影響業界，但汽車產業仍是日本的基幹產業。

在T汽車公司內部，每年四次募集來自全體職員的創意構想，並且集合統計全都由企劃部廣告課處理。此一作業委任給A一組人。雖採用與否等重要事項是由上司負責處理，但才進公司不久卻被委以大任，A不免洋洋得意、樂不可支。

因為處於「審核提案」的立場，完全瞭解每一個人都提出什麼樣的案子？且分別一一分類每個提案是什麼部門所提？可行性多高？所以不僅是稍加過目一下而已，非得徹底認真過目不可。做到這個地步，就太好了……。

有一天，他一邊與同期進公司的夥伴吃飯，一邊談論被分派部門的工作內容，此時大家閒聊著：「你的部門做什麼樣的工作？」「我的部門很輕鬆。」「○×的工作好辛苦！」「課長很親切」「前輩裡有不少好人。」等等，在他們以輕鬆的心情互相報告之際，A流利地說著提案的內容。這種方式也可以瞭解其他的部門。

「雖並非要特別保密的意思，但A為何四處宣揚各個部門的提案內容呢？真是大嘴巴，守不住秘密。」逐漸地，公司裡傳出許多批評，對A非常不利，真是不妙，後來，他在公司的處境有些尷尬，動輒得咎，令他感到做人真難。

## 解說

A也有想要稍微引人矚目，在公司成為風雲人物這一面，所以，在同期進公司的同事面前洋洋得意地說個不停，口若懸河而辯才無礙。這是不可以的。

上司立刻叫A來叱責：

「大家對自己的提案會有什麼樣的評價？是否會被採用？都抱著極大的關心。這是因為，有時這些也關係到人事上的評價，影響陞遷啊。像你這樣的新進職員，縱令處於可以過目全部提案的立場，但對友伴們洋洋得意地洩漏秘密，是不可補救、挽回的事實，其所犯的錯誤罪該萬死，有時還會鑄成滔天大禍，不可不小心。」

然而，A還不太清楚公司的規則。因此，上司考慮到這一點，將他叫到個人單獨的房間提醒他。因為新人的經驗不足，只要有過那麼一次在衆人面前被上司喝斥，就會認為待在公司的期間註定抬不起頭，沒有出息。因為其中也有悲觀地辭職，所以，這種考量是必要的。

即使是中堅職員，叱責時應限於一對一，如此既可以慢慢促膝長談，對部屬說教，叱責的人也可以控制異常的激動。如和對象是一對一私下面對，縱令上司自己有錯，部屬也可以大致反駁。

再者，藉由對方反駁，消除不愉快的氣氛，發洩其心中的不滿，而能使部屬更坦率地聆聽提醒、警告。還有，一旦以一對一的方式給予提醒、警告，即使有關問題對方被叱責到什麼程度，上司自己仍十分清楚此事已是「毫無辦法」，而感到無可奈何。

在公司裡，以上司和部屬的關係而言，叱責絕不是大發雷霆、痛罵一頓。因為，這畢竟仍是作為教育部屬一環的重要行為，所以要緊的是時強時弱，實施高壓與懷柔交互運用的策略。為此，最好是召喚部屬到個人單獨房間，一對一給予提醒、警告。

那麼，同樣的錯誤、疏失，發生在整個團隊之中該怎麼辦呢？此時，應叱責最年長者。有時也會根據錯誤、疏失，為了在衆人面前提振全體的士氣、激勵部屬的信心而勃然大怒、高聲叱責；有時，則是叱責年長者一個人，詰問：「已經是資深的老手了，竟然還犯錯，究竟怎麼了？」

偶爾，也有必要附加但書，上司在詰問「怎麼了？」並且叱責的內容很嚴苛時，應附加一句：「雖然我的指導或許也有問題，但是……」藉由這麼說，有時可以讓本人格外地反省「失敗了」、「做了錯事」、「今後必須更加注意才行」。

無論如何，因為「人被讚美、褒獎才能成長」是管理的基本，所以，叱責的內容有必要充分注意掌握適當的時機，才能發揮效果。

**教訓 14　提醒的基本原則是一對一。禁止讓人在衆人面前出醜！**

# 你正被監視、觀察著

雖是有些「恐怖」，但這是千真萬確的事情：在家庭裡，孩子經常模倣父母的言行舉止。況且，即使是在公司，課員（部門人員）也會在不知不覺之中採取非常類似課長（經理）的言行。有時我們會陷入自己的模樣映在鏡子上的錯覺一樣，竟有一個人和你的動作一模一樣。有時經理或幹部等人一直閒散地查訪，一面觀察課員們的工作情況，一面嗤笑著，喋喋不休地詰問屬於其部屬的課長：「這個課的同仁全都在模倣課長偷懶，大家做事的方法像一個模子出來的，這不是很奇怪嗎？」其實這是在說反話，課裡所有人都很努力工作。然而，事實上，在上司滿腹熱忱、賣力工作的課裡，部屬也工作得很起勁，全力以赴。相反地，上司沒有熱忱，部屬也不知不覺地偷懶怠工。

因為新進職員是以一張白紙般的純真進入公司，所以特別容易沾染最初上司的色彩。因此，如果想培養優秀的職員，在自吹自擂之前，本身以實際的行動作示範，比什麼方法都來得更有效，部屬也會比任何人更努力工作。不僅如此，還要經常思考。只一味地冒失魯莽而不顧前後，領導者會遭到失敗。再者，應先發制人佔得優勢。關於公私的區別，則是嚴以律己，而且對待部屬要親切溫柔，即使有錯也不可以顛倒是非。

### 事例介紹

進入A報社工作的〇，被分派到編輯部。報社的編輯工作，是作為記者儲備人選而從事研究學習的部門。

他說接受某個部份而進入的公司是最好的，這不同於大多數同事，〇在學生時代即加入學校新聞社，編輯報紙，因此報社是他第一志願的公司。正因如此，他才精神百倍地進公司來，工作努力。正如這樣的人誰都會有如此情形一樣，〇每天比任何人都更拼命地工作。他被前輩呼來喚去「〇先生」、「〇先生」，從雜事開始都要差遣，被當作什麼事都能做的人而任意使喚。

不久之後，〇開始認為：「沒有這樣的道理，他們不應該把我當作打雜的，我原本是希望從事報社的工作，應該更進一步地深入報社的工作。」然而，因為仍為新進職員的身份，所以他完全不能有一句怨言。如果是普通的公司，縱令是新人，仍會被賦予大致相同的工作，但報社的情形不一樣，如此做是行不通的。在這麼做之際，〇開始模倣上司不好的一面。坐在桌邊與上司談話，或是桌上放著堆積如山的文件，全都學得有模有樣，不但拼命吸菸，而且遣辭用字也變得雜亂無章、馬虎隨便。

上司想要提醒他，他卻忽然無端地醒悟過來，似乎一點事都沒有。〇發覺到他正在做著與自己以前大不相同的事情，像變個人似的。連這一點也意識到了，就並非模倣，而是不知不覺地行動著。上司愕然了，驚訝於〇的變化。

## 解說

上司想要立刻對○提出忠告，但發覺他過於模倣自己的言行舉止，一舉一動都非常類似，於是便暫時不去提醒、警告。如果提出忠告，也許他會說：「可是，課長不也是這樣嗎？」

即使他未加以反駁，心裡仍這麼想也說不定。因為上司顧慮到這一點，所以一直在等待適當的機會。

的確，上司一看自己的桌上，就發現堆得高高，但全未整理的書籍、文件累積著。如果試著反覆回想，那麼，就應該記得○的桌子在進公司後有一陣子也整理得乾乾淨淨，但他不知不覺地變得與自己一樣，桌上雜亂無章。

因此，上司首先整頓自己的桌子，然後在一旁觀察情況。如此一來，雖一句話也沒有忠告，但○竟在幾天之內將桌上整頓得乾乾淨淨。

上司學習到，只要做模範給部屬看，部屬必定會模倣自己。上司自己不做模範就向部屬說教，部屬也不會聆聽。縱令聽了，那也只是在口頭上回應「是、是」而已，並非打從心底接受上司的「教誨」。果真如此，說教就沒有任何作用了。

百分之百完美的人是不應該存在的，一個人不可能毫無缺點。再說，這樣的完全沒有趣味，並不適合做一個公司職員。

因此，儘管是上司，絲毫沒有必要讓部屬無懈可擊，無可批評，然而，只要自己可以做到，就必須拼命努力地改正不好的習性。這是培養部屬的條件。

部屬及後輩，尤其是新人，其實經常觀察上司及前輩的言行。乍看之下他們似乎完全未顯現關心注意，事實上，卻百分之百盡收眼底。

而且，無論上司的優點或缺點，都實際去模倣。這和小孩毫無意見地接受父母親的行為一樣。

上司如果工作賣力，那麼部屬也會做得起勁，但只要上司偷懶了，部屬也會認為：「的確，在公司只要以那種要領偷工減料就行啦！」因此，如果希望部屬如何去做，並不是告訴部屬：「首先由你開始做。」而是以上司自己做給部屬看為第一要件。

要部屬做事，強迫他們勉為其難絕非上策。

## 教訓15　部屬要模倣上司。上司首先應該表現出榜樣！

## 已結束的事情就沒有機會

每天以猛烈的速率一直進行工作，是公司的一般模式。昨天的事情已經完全過去，除了當作教訓而存留下來的以外，只有廢棄一途，這樣的觀念甚至成為理所當然，沒有人會太在意過去的事情。

但是，在上司之中，有人在考慮人員的配置、運用時，也會牽扯出過去的事情。即使是在決定工作的程序時，也藉口說：「因為他過去有如此的記錄，所以想暫時讓他停止這項工作。」等等，牽扯出從前的錯誤及麻煩作為例證，不給予部屬機會。雖稱不上是一切變成一張白紙，付諸流水，但要當上具有大氣度的管理者，必須注意「每天都是嶄新的」這句話，因為，部屬會搞出各種事，你每天都不知道會出什麼狀況。如果對這些大大小小的事一件一件地辯論是非曲直，追究責任歸屬，那就不能培養生龍活虎的部屬。

因此，當再度交給犯了錯的職員工作時，要鼓勵道：「你過去雖有如此記錄，但時間已經過了那麼久，我不介意了。現在再次給你機會，請加油！」讓其嘗試。一旦公司成為大企業，就幾乎沒有人在人事評價失敗後再敗部復活的機會，希望你成為一個好上司，至少讓部屬再挑戰一次過去失敗的工作。不可以成為一個一再牽扯過去記錄的管理者！

服務於Y證券公司的A課長，擅長於有關達成部屬計劃指標的指導。在公司內部，他也是批判的能手。他故意說：「當S被各課拒絕，推託說：『別的什麼都行，只有接受那個傢伙辦不到，請原諒。』而一直被踢來踢去時，只有我領回S，讓他完全再生，整個人重新活了過來，這是我的實績。」

但是，如此能幹的課長正因為部屬是無能的，所以事實上對部屬的眼光很嚴厲，令人畏懼。他雖未說出口，但在他的內心對過去仍有強烈的拘泥，對部屬過去的不良記錄耿耿於懷，而產生心理障礙。

在意想不到的時候，有一能幹的部屬出了差錯。這是分配部屬銷售國債負責區域時的事情。A課長的屬下有一個W的年輕職員。在二十六人的課員之中，業績佔第一位，是業務能力很強的職員。決定這個W的負責區域時，課長犯了重大的錯誤。

以前W曾經被其所負責地區的客戶寄過投訴書，向公司抱怨他的作為。抱怨的原因是，股票的手續費說明不足。那個地區大財主很多，對公司而言是一個挖金寶地。課長怎麼也忘不了這唯一被客戶抱怨的投訴案。

因此，這一次負責那個地區的人由W改為E。然而，證券公司在日本並不是只有一家。在列為「一級地區」的地方，每一家公司都投入最優秀的職員。結果，就這一次的促銷活動而言，因地區分配而失敗了。Y證券落後於其他公司。

## 解說

雖有一點無法想像，但實際上確有其事。為什麼課長會牽扯出來自一位顧客的投訴，而大作文章呢？事實上，這位客戶是方上的有力人士。一旦觸怒了他，在這個地區的工作就非常難以推展。考慮到這一點，課長的所作所為並沒有錯。

然而，那件痲煩的糾紛已經徹底消除了，現在，與Y證券也有交易往來。因此，只要讓W在客戶面前再道歉陪罪，然後再讓他負責該地區，就應該可以因此而多方設法開始進行工作。但是，課長牽扯出過去的事情，因而躊躇不前，不敢將工作委任給W。這是能幹的管理者常有的情形。

這雖與管理者的用人方法有關，但也呈現出一點：管理者經常憑藉自己本身的失敗及成功經驗去行事。重視經驗雖是必要的，但一旦認為這些經驗即是一切，就無法期待有更大的進步，這一點可非同小可。

課長也曾在進公司不久被某人大吐苦水，抱怨連連。雖非本人的疏失，但客戶追究責任，即使數度謝罪，也絕對不肯原諒他。

結果，他被解除了職務，從未再次負責那個人的業務。

按理說，無論怎麼樣難纏的人，只要時間過了就會敞開心房，不計前嫌。這個例子是例外之中的例外，完全沒有道理可循。雖只要想通了就沒事了，但課長怎麼也無法忘記。

毋寧說，只要讓W活用那次經驗即可。也就是說，①與W一起到客戶那兒去道歉陪罪。②強調他下一次是國債專職負責人的要旨。③讓他看資料，加以說明，讓他瞭解：遵循公司的紀律、規則去工作，就不會有疏失。

職員對上司怎麼看自己，變得非常神經質。因為上司可以掌握一切的評價大權。因此，「因為你以前也這樣，所以今後大概也會如此。」如此不經考慮的發言，變得令人害怕，如果是懦弱、器量小的職員，就再也無法站起來而終其一生。

相反地，也有因一句鼓勵的話而已經登上總經理寶座的人。只要閱讀日本經濟新聞的「我的履歷表」專欄，就會發現許多人在進公司當時受惠於好上司，而釋懷道：「由於上司的一句話，才有今天的自己。」等等。

如果想要培養人才，那麼最好絕對不過問過去的事情。部屬對成功的經驗理應比失敗的經驗記得更清楚。連被上司指摘也從沒有過，就再也不敢嘗試，一旦失敗了就懲前毖後，多所顧忌，並不能成就大事。

## 教訓16　絕對不能責備過去的失敗。應該留在心上，付諸流水！

## 徹底委任，徹底觀察

要委任工作給部屬讓他們做事，有兩個方法：一是說出所有的要點，讓部屬按照指示去做的方法；另一個則是，一旦佈達了方針、指示了程序，之後就徹底地委任的方法。哪一個方法比較好，並不能一概而論，但為了培養出器量大的將才型職員，後者的方法比較好，最好不要在工作中途一件一件地說出來。

不過，在此所謂的「委任工作」，並非指一切讓部屬率性而行，為所欲為而言。雖常有上司顯示出胸襟大方的一面，對部屬說：「全交給你喔！」等等，但「委任工作」並非如此的方式。職務分配的選擇權畢竟仍掌握在上司手中，從程序亦即工作的手續、做法開始，確實地指示，而且實行時應完全委任給部屬，說道：「交給你了！」

凡事都說：「交給你了！」等等，是萬萬行不通的，絕不能這麼說。在正要說這話的當兒，甚至連上司的權限也要放棄。由於被委任的本人也未盡全力，因此，有可能與當初的期待相似，卻不盡理想。

委任的前提，有一項是上司與部屬對談協商，然後到共識，既有共識，就應該實行。

## 事例介紹

這是B外食業郊外分店的故事。B產業在外食業之中是頂尖企業，在全國都開設著分店。就公司的方針而言，分店的業務全面委任給分店店長。雖採購、經營是從總公司一脈相傳而來，但主持、指揮完全交給店長。公司的經營方針獲得成功，竄升至業界的龍頭老大地位。然而，同業者衆多的現在，競爭愈來愈激烈。正因為如此，公司才對店長的能力、手腕抱以極大的期待。

東京的杉並分店在青梅街道旁擁有店面。這家杉並分店，營業額居於全日本第一。分店店長受到表揚，被選拔前往美國考察旅行。D分店長對E副分店長留下一句：「往後一切都交給你了！」便踏上旅途。

一個月之後，結束了快樂的旅行，D分店長回來了。但是，由於他不在的期間業績銳減了三分之二，因此他大為驚訝。被委任一切店務營運的副分店長E，將自己認為平日也會這麼做的事情付諸實行，以自己的想法行事，不顧公司的政策，這是一種慘敗，難怪業績完全不見提高，反而一落千丈。

副店長對家長帶來之孩童顧客的消費額，一律打八折，或是飲料給予半價優待，採取了業界想不到的一連串措施。

但是，因為「價格能降就儘量地壓低」正是外食業的經營常識，所以，即使只有一家店自作主張削價，也不可能一直順利維持下去。後來分店長D被總公司痛罵了一頓。

## 解說

這個案例，過於急著建功的副分店長E，突然開始認為「分店長不在，對自己來說是個大好機會」，而太樂觀正是他失敗的原因。

總公司除了委託分店所有的店務之外，細微瑣碎的小事都任憑分店自己去安排，不多加干涉。然而，分店店長是獨立作業的，自行負擔資金的一部份，購買分店的經營權，因此，形成一種可以更加自由地經營的制度。正因為如此，就連減價等事情也可以自作主張。

儘管如此，這並不意味著副分店長凡事都可以自由行事，愛怎麼做就怎麼做。而若硬指副分店長各方面都不好、完全不對，那也不能這麼說。結果，責任仍在於分店長的指示不夠、交代不清。雖然一個被委託愈是任務重大愈能成長，但這時應該交代好：「E先生，往後一切交給你了，但是注意不要違反我以往一直進行著的政策大方向。尤其是不要去變動更改價格的腦筋。」「嘗試新方法時，要打電話到飯店來給我。」

如此一來，也許有人會認為：「那麼只要先作出一切細微的指示，凡事一一交待清楚即可。但一旦這麼做，接著可能就要衍生其他的問題了。或許，副分店長是心想一切按照分店長所說的去做，完全不必再思考事情、下工夫研究，或許也不必深具企圖心投入經營了。不！非僅如此，而且也可能因上司只說了一句：「啊！分店長才不在一個月就有這樣的業績，要下定決心施展才能！」而以遊戲的態度面對工作，終日閒蕩無所事事，鬆懈了精神。

因此，「全交給你了，請儘量徹底地幹！」的指示是絕對錯不了的。

無論什麼樣的工作，要達成目標都有各式各樣的方法。怎麼做才能順利達成目標呢！考慮到這一點，試著付諸實行，具有嘗試精神的人，才會進步成長。具體地教導部屬方法，則是成不了什麼大事的第一原因，部屬會感到無趣又無好奇心。因此，讓部屬思考方法，一點點小錯不挑剔、責難，是委任部屬工作、培養其能力時的適當做法。

氣度狹小的管理者，害怕失敗而想要檢核所有的工作，確認無誤。果真如此，就無法增長部屬的能力。不但如此，部屬還會牢騷滿腹嘮叨個不停，變得自暴自棄。在培養人材上，只求快不管好的做法是一大禁忌。

不過，部屬之中也是形形色色，一種人一種樣子。如果有人只要上司的一句指示，凡事都可以自己照著去做，那麼，也會有未經一一指示就什麼也辦不成的人。這個案例，產生了「因材施教」的教訓。上司應照部屬的特性、才能而施予教育，並不是每一種教育方法都適合每一種人。

## 教訓17　上司不能誤解「委任」的意義！

## 並非「盡力而為」，而是「到此為止」

經常有人說：「記錄是為了被打破而存在。」為了縮短一分一秒，數萬名選手反覆不斷地進行猛烈的練習，而付出神志不清、昏迷倒地，渾身流血、受傷的拼命選手也不在少數。然而，這並不限於運動方面，在公司生活上，被要求需經常朝向目標挑戰姿態的職種，也比比皆是。尤其是與業務相關的工作，這種情景更為顯著。

在公司裡，以相對上比前一年增加〇〇%的形式，要求從上而下達到此一銷售目標，只要沒有特殊、意外的情況，對前一年的比率就不會出現負成長的目標，在仍是新人的時代，只要考慮應盡力達成被公司賦予的目標即可。然而，一旦累積了某種程度的經歷，就會有希望將這些經歷錦上添花，創造更佳業績的霸氣。為此，並非保持「讓現在的工作儘可能發展」之盡力而為的態度，而是讓新人自己設定「到何種程度是能力所及」的目標，並必須讓部屬思考「要達成這個目標，需要什麼樣的方法」。

讓新人自己去決定「到此為止」的目標，而非要求他們「盡力而為」。這個方法，應可使部屬奮力振起，向自己的目標挑戰，培養只想在工作之中享樂的部屬是行不通的。

N人壽保險公司在業界以業績目標嚴苛而聞名，其名古屋分公司在全國是第一大分公司。現在的F分公司經理在赴任之前，雖能超越A公司及D公司，滿足於第三位的成績，但使川越分公司成為日本第一、自信滿滿的F公司經理，才進入名古屋分公司，情勢就開始有了大轉變。

F經理首先廢止一切公司賦予女業務員的業績目標，採用讓每個人各自擬定目標的方法。因為普通女性以消極性格者居多，所以可以預估得到目標數值變低了。因此，這種嘗試以失敗收場的可能性頗高。

如果本人降低目標數值，那麼或許會簡單地以為「往後只要指導她們、加以修正即可不是嗎？」但是，這是大錯特錯的。倘若往後再改正，則說「請妳們奮起」便完全沒有意義，一般認為：「請擬定喜歡的目標」只是口頭上說說而已。假若部屬這麼認為，就失去讓部屬自擬目標的效果。

女業務員們有最低限度的業績目標，如果無法越過此一目標，就非得自動辭職不可。唯其如此，首先將業務目標的數字作為目標是很普通的。然而，在名古屋公分司，因F經理「請試著毅然決然去幹」這一句話，全體分公司的氣氛改觀了。發揮了競爭作用，每個人都士氣高昂，充滿鬥志，成績也隨之不斷地成長。他的做法，獲得大成功。

## 解說

人壽保險公司全都是一樣，由公司對女業務員課以業績責任目標，並無讓本人擬定目標的公司。因為分公司遵循公司的方針是理所當然的，所以F公司經理的勇敢、果斷是非常可敬的。萬一失敗了，就會立刻被貶謫降調，或是遭遇前程的不順境遇。

在追求目標的過程之中，有著緊張感，而緊張感在動輒陷於謙卑、討好客戶的業務工作上，成為有利的因素，為業績加分。

況且，當這個業績目標是自行擬定的目標時……。

在某個小學曾有過這樣的實驗。黑板上劃線，指示十名學生說：「請在劃線處之前跳躍。」對另一組的十名學生則指示說：「請儘可能跳躍過去。不過，請預先劃出自己跳躍到某處為止的目標線。」

哪一個學生跳得超出目標呢?後一組的學生，遠比前一組跳得更遠。這一點說明了，讓學生擬定自發性的目標，讓他們朝向目標去挑戰，最能激發本人的幹勁了。

主管雖有必要設定配合部屬個人能力的目標，但並不是由上司分派這個目標，而重要的是誘導部屬自己說出來。

若部屬進而說出希望、要求，自己所設定的目標有可能達成，則讓本人向更大目標挑戰是很要緊的。消極的人，一達成目標就喘一口氣，暫停下來，不想向更大目標挑戰。對這樣的部屬，上司應作出指示：「請做到這裡為止。」讓其向指示的目標挑戰。

如此反覆不斷的指示，就會培養出向大工作挑戰意願的職員。

人基本上是怠惰的動物，不諳競爭原理或失去了目標的人，就失去了幹勁，且每天過著卑顏屈膝、沒有尊嚴的生活。

雖有人說「近朱者赤」，但一旦將沒有幹勁的職員放在幹勁十足的身邊，則後者必定會風靡前者，吸引差勁、無用的職員做效。

因此，管理者為了一直維持即使放手不管、任其發展，全體人員仍提振幹勁的集團，必須一個一個培養自然成長且具有能力的部屬，達成目標就快活得不得了。而且，為了建立這樣的團體，F經理就像總經理所做的一樣，對部屬說道：「請自己擬定目標。」基於良好的意義，應實施讓部屬放手去做的做法。

**教訓18　自發性使目標提高。上司可以善加鞭策，激發部屬自動的意願！**

## 「做不到」是不被原諒的藉口

公司的工作涉及了複雜分歧的部份，如果認為可以讓職員隨時隨地都只做適合自己、喜愛的工作，那就大錯特錯了。一般而言，職員最好自己認為會被吩咐去做不喜愛的工作。

不過，在部屬之中經驗仍淺的職員，對公司有依賴心，一旦上司或前輩說：「接下來請做這件工作。」「希望請你參加新的業務計劃。」等等，準備做未曾經驗過的工作，就會露出不安的神情，有人更會採取拒絕的態度，藉口說：「因為不會做過，所以完全沒有信心。」「我想這件工作對我說是強人所難，不太可能辦得到。」等等，而推辭工作。

按理說，好不容易才有被上司認同的機會，但竟然顯露否定的言行舉止，這是消極的、沒有出息的職員，甚至是可恥的，無法被認為是有幹勁、積極的人。從上司的眼光來看，這樣的職員是最傷腦筋、最難應付的一型。

在日本經濟也進入不景氣期的今天，公司會因這樣的問題而支撐不下去。因此，對於部屬說消極的話，應不分青紅皀白地生氣：「你究竟在說什麼?居然會這麼說？」而完全不讓部屬抱怨，強迫讓其完成。

即使不對，也不可說出「請毫無抱怨地去做，別再說這樣的話了」等溫柔的話語。

服務於O飯店的J，進公司以來即隸屬於總務部，專門負責事務性的工作。因為他主要負責員工的福利工作，所以與公司以外的人接觸不多。

但是，在顧客腳步疏離、公司的經營受到極度壓迫的今天，變成連負責內勤事務的職員也被派遣加入涉外活動，與客戶打交道、爭取業績。J並不瞭解在外面奔波的辛勞，雖被上司命令時勉為其難地答應了，但僅僅經過一期就立刻大發牢騷，表示受不了。「課長，外務的工作並不適合我啊！連一張訂單也無法取得。看別人似乎都一直很成功，請現在開除我吧！解除我的職務好了。」雖事實上原因在於本人的努力不足，但本人卻認為不適合外務工作。有時，內心還會認為，為了做這樣的工作不就變成飯店人員了？要看客戶的臉色，說盡好話，極盡逢迎諂媚之能事，好不容易才能拿到一張訂單，這可不是人幹的工作，於是，除了向上司撒嬌、耍賴之外，什麼事也沒有做。

藉口被賦予了稍微費力累人的工作，立刻就拒絕、迴避，真是荒謬之至。上司命令部屬做給自己看，按理說，一旦部屬得到大致上的成果，就一定得實行暫時擱置讓其重回原先職場的預定計畫，繼續留在新職位上。如果容許這樣害怕外務工作辛勞的職員，那麼，大家就會一面倒向輕鬆的工作，極力爭取，組織也無法一直維繫下去。

曾有句話說「背水一戰」，而上司如果採取強勢的態度，部屬未得到成果就絕對不讓其重回本來的內勤工作，那麼，就能消除部屬依賴的心理。

## 解說

最近，像J這樣軟弱的職員正增加著。軟弱並且上司一說重話就立刻說：「那就轉業吧！」等，厚著臉皮而毫不在乎，上司往往不知如何應付。在轉業並不一定很容易的今天，像J這樣「體質」的人，請求辭職者仍很多。

據說，最近的學生們在企業所具有的形象之中，最討厭的名詞是「業績指標」。因為業務上免不了有業績指標，所以，樂在工作、努力賺錢、希望生活過得好的膽識，是表面上的功夫，重要的還是達到業績指標。對有如此觀念的新人，究竟應如何應付呢？一般而言，最好是試一試如下的說話方式去開導新人。

①請試著思考各種方法。

②為何做不到？請試著說出理由何在。

③請試著觀察別人、周遭的人可以辦得到的原因。

上司有必要先謹記一點：雖曾經對部屬有所成見，但一旦派遣出去就能做得非常完善的部屬並不少，人都有潛在的能力，上司不可以被成見所蒙蔽。大部份「沒有自信的理由」、「做不到的理由」、「可以辦得到也不這麼辦的理由」等藉口，都是內心裡感到對截至目前為止所做的工作戀戀不捨，不願改變現狀、接受挑戰所致，此時上司最好是讓部屬去從事新的工作，讓其從不安之中走出來，擺脫面對未知的恐懼。有強烈責任感，認為被賦予的工作必須處理得盡善盡美才行的人，這種傾向頗強，他們只想循規蹈矩地完成工作，而不肯嘗試新的挑戰，創造更輝煌的成果。

深怕出錯而不敢前進的部屬，出乎意料地回答了「是、是」就立刻去做事，完成任務。因此，不一定拒絕上司派遣的職員就表示不好，上司有必要以不同的角度去看待意見不一致的部屬。另外，必須明瞭有些部屬具有不依賴上司的傾向，他們不喜歡接受幫忙，任何事情都非要憑一己之力去完成不可，賦予他們新工作，若非不順利，上司也不知道要給予協助。因此，事先預想到這一點，向部屬說：「有困難的話，我隨時會給予協助，因為上司的幫忙是責任。」之溫柔親切的話，如此軟硬兼施的技巧，對上司而言成為一種必要的條件。因此，上司應叮嚀部屬，遇到任何困難無法自行解決時，隨時都可以找上司請求支援。

人的心理經常處於與「想要挑戰」的相反糾葛狀態，矛盾、抗拒、逃避著，不知該不該真正接受挑戰。引出部屬想要接受挑戰的力量，正是管理者的責任。其證明是：即使是一度拒絕說「不」的職員，也要想盡辦法囑咐他，開導讓其嘗試，一旦成功了，那麼無論接下來賦予他什麼樣困難的工作，也不會拒絕說「不」了。只要這麼想，則拒絕就像孩童的痲疹一樣，沒什麼大不了。凡事都是習慣問題，習慣了不拒絕，就不會任意說「不」。

## 教訓 19　對說「做不到」的新人，即使在其脖子綁上繩子，也要讓其親自去做！

## 愈是不好的消息愈要儘早報告

人經常在尋求幸福，應該沒有人會歡迎不幸之事。即使在公司裡也是一樣。希望經常處於最佳狀況而過著公司的上班日子，是理所當然的。然而，這並不限於推展工作的期間隨時都很順利的狀況。

不好的狀況會時時輪番上陣，有時或許也因職種的不同而頻頻發生麻煩。因此，上司即使將工作委任給部屬，仍必須嚴加監督進行的狀況，使其提高警惕。

不過，要擁有衆多部屬的主管，持續不斷地觀察全體人員的工作情形，是不可能做到的。因此，主管有必要時時自己去確認情形、接受部屬的報告。

在接受報告之中，大概也有不好的情報。而且，在不好的情報之中也有非得分秒必爭去處理不可的情報。這種報告與疾病一樣，耽誤了便最要不得的類型。

有鑑於此，上司對下屬應先指示：「雖然我十分瞭解報告不好的情報很困難，但無論什麼樣的情形都應立即報告，不可以延遲。」當然，上司自己也進而向再上一級的上司做同樣的事情，負起報告的責任。

另一方面，好的情報上司不必急急忙忙地採取措施，付諸實行。

**事例介紹**

S製藥公司的L，進入京都山科的研究所工作。因為是藥學系畢業，成績優秀，他立刻被派任至研究所，在S製藥公司裡是等於搭上平步青雲、飛黃騰達的快車，有一定論說，只要一搭上這班列車，就步上出人頭地的捷徑，前程似錦。

L繃緊神經，鼓起精神，就像學生時代生活的延續一樣，每天埋首於新藥的研究。但是，他得知業經發售，名為Q的新藥的數據資料，在老資格的研究員熱烈地製作著。於是，他必須立刻送到相關的行政機關，公司有必要緊急採取的應對措施。

然而，結果變成插手、介入前輩做事的行為。新進而氣銳的L雖充滿了正義感，卻沒有勇氣向上司報告，有三個同一大學的學長，一直在從事那個新藥開發小組的工作。因為，這是今後三十多年都要在此服務的公司……。

結果，L知道此一事實之後的半年，媒體上流傳著風聲，整個社會宛如捅擢了蜂巢一般，開始騷動起來……。

## 解說

這個例子，由於在所有不好的情報之中是「超A級」的情報，因此是分秒必爭，應迅速處置的麻煩糾紛，一旦因那種新藥的副作用而導致衆多人們身體狀況不佳，那麼公司就會遭受致命性的損傷。連公司也消失了，顧客們又將如何？該向誰追究責任？只要一考慮到這一點，就感到那是非常嚴重的問題，身體不由得顫抖，令人膽戰心驚。

然而，儘管如此L仍拿不出勇氣來。上司雖追究資深職員的責任，處分了他們，轉派至地方分店，但關於L則進行了如下的教育指導：

「L先生，在今後長久的公司生涯裡，恐怕還會發生各種事情。可是，不管什麼樣的事情，不好的情報請立刻向上司報告。儘管是作報告，並不表示你將被申斥、責難。縱令是自己很可笑的錯誤，仍要儘快報告，才有彌補錯誤的機會。不過，一旦就連小小的疏失也對上司隱瞞，那就有可能變成無法挽救的重大錯誤。」

如此的事件，既有大事件，也有小事件。舉例而言，有來自交易客戶的抱怨傳到公司，而其原因在於自己。萬一被上司知道了，恐怕會被叱責一頓，對人事評價考核當然也會產生不良的影響。只要反覆地思考，便想要儘可能去隱瞞不好的消息，乃是人之常情。

不過，這對公司而言多半會導致不可挽救的局面。尤其是經驗較少的職員，有時即使不好的消息也會心想：「這種事情大概不是什麼了不起的問題吧。」等等，因疏於思考，輕視問題，而未作報告。因此，上司無論對什麼樣細微瑣碎的事情都必須先一一指示：「不好的情報務必先傳入我耳中。」

然而，接受報告的上司也有問題，對不好的情報擺出愁眉苦臉的表情，顯露出厭惡的臉色，對好的情報則立刻微笑，擺出似乎很興奮的表情。果真如此，部屬想要極力隱瞞情報也是迫不得已、無可奈何。每次接到不好的情報時，如果不停地抱怨道：「又來了，究竟在搞什麼！」那麼，不用說當事人，就連在周遭看著的部屬們，也會認為：「即使不好的情報已報告上司了，仍會受到那樣的待遇……」

那麼，接到不好的報告的上司該怎麼做呢？說道：「是這樣嗎？已經發生的事情也沒有辦法了。好，我出面去解決吧！」完全照自己所說的，擔起責任，在前頭為部屬擋著，將對部屬的承諾付諸實行，為其分憂解勞。而且，即使用盡一切力量也要解決得很完善、漂亮，讓部屬看看上司如何解決問題。

愈是困難的問題，部屬愈會嚴加觀察上司的能力，睜大眼睛的看著。

## 教訓 20　讓下屬立刻報告不好的情報，上司應該四處奔忙解決問題！

# 第三章

# 使個人能力得以發揮的十大要點

## 儲訓新人為專業人員

如果決定一個題目，讓一流國立大學的學生及私大三流學校的學生寫一篇短文，據說，私大的學生遠比國立大學的學生能寫出好文章，這無非表示，即使這個私大學生對數學、化學感到棘手，但若讓他寫文章，卻具有一流的頭腦。

據說小說家林芙美子也是唯獨作文一科特別出色、不凡，但其他的科目卻簡直完全不行。然而，她因為擅長於一藝而成為留名於後世的作家。

在公司從事工作的時候，最優秀的職員雖是十項全能、無所不能的全才型，即無論什麼樣的工作都做得圓滿周到、無懈可擊之八面玲瓏的人，但這樣的職員並不是垂手可得，尤其是在閒得無所事事之公司更是稀罕，因為人才無法一展所長。再者，要使不夠全能的能力得以成長，需要非常多的時間。

那麼，公司應尋求什麼樣的人才，培養哪一種人才才好呢？一言以蔽之，即是今後能成為專業人員。管理者從什麼樣類型的職員身上都可發現其出衆的能力，並以此個人特質作重點式的磨練。上司應幫部屬找出連本人也未察覺的能力，讚美道：「你在這方面具有超出任何人的絕佳能力。」讓本人發現自己的長處。

## 事例介紹

服務於T陶瓷公司的X，進入公司已經五年。無論在哪一家大企業，公司資歷一經過五年，就會擔任主任，加諸重任。然而，X的情形則由於被以往兩個部門的上司評價為「丙」，因此，儘管同期的同事幾乎都升為主任，但很遺憾地，他被停留於不重要的職位上，無法一展長才。X以懷才不遇的傷心心情，被分派到A課來。

A課的〇課長疑慮著：X為何被兩位課長評價為「丙」呢？他不看考績表，認為應該盡力憑著自己的眼睛去觀察，以確定答案。結果，他發現X的確工作慢吞吞，不夠積極，對上司的言行舉止也很粗枝大葉，馬馬虎虎，似乎仍保有學生的原貌。

然而，就像〇課長自己本身也是如此一樣，不管什麼樣的人都應具有別人所沒有的優點，他不死心放棄，繼續觀察X。如此一來，他便對今年進公司且分派至〇課的兩名新人極為親切，盡心盡力地教導他們工作。

X稍微愚鈍的性格還算好的，對新人而言，似乎成為恰到好處的速度。只有在其他的前輩一幫人，為了自己的飛黃騰達而對新人虛應故事、敷衍了事的職務及教育之中，X感到很有興趣，這都不是出自於義務感，而完全是自然發生的行為。

連對新人也非常親暱地叫著：「X先生，X先生。」〇課長作出評價說：X如果哪一天成為一個擁有部屬的人，就會變成非常優秀的上司。

## 解說

雖然在職業棒球界當選手的時代未留下良好的成績，但一當上教練就發揮出一流的手腕，展現長才，這一類的故事時有所聞。

其代表性的例子，是以前的阪急勇士隊的教練上田利治先生。西武隊的前任教練廣岡先生雖也是守備一流的球員，但打擊方面卻在普通水準之下。儘管如此，他仍被認為是名教練。

X的情形是，雖O課長偶然發現了他的長處，甚至在其他方面卻沒有採用他。無論是如何無用、無能的人，除了有個性之外，絕對具有比別人更優秀的一面。如果認為：「我這麼不行的職員竟然可以進入現在的公司。」那麼，這樣的人當然有必要反省一下，看看是否沒有發現自己長處的能力。

人是非常不可思議的動物，所以自認為「不行」的職員，有時會在上司更換、工作更換的時候迅速地成長。雖說是經常假裝成大而化之、吊兒啷噹，但有時也會像突然綻放花朵的植物一樣，天份甦醒過來，完全展現出潛力。

那麼，上司應如何去發現部屬耀眼的能力，到底被埋藏在哪裡才好呢？

為了找出部屬獨特的能力，首先最重要的是信任部屬。上司只要心裡認為部屬是「沒有用的傢伙」，那麼縱令不說出口，也會藉「以心傳心」的方式傳遞到部屬內心，讓其感受到上司的卑夷。

況且，在背後說「那個傢伙沒有用，是無能的東西！」這些話只要以某些形式傳達給本人，則原本就已經很萎縮，經過如此的打擊，當會愈發奇怪。

也就是說，因為上司戴著有色眼鏡，具有「不行」的先入為主的成見，所以將對方看輕。因先入為主的偏見而瞧不起部屬，是非同小可的問題。沒有一個部屬不具有幹勁的，從一開始，每一人都具有其長處。

其次，讓部屬嘗試也很重要。無論什麼樣的工作都可以，不管如何，讓部屬試著做看看。如此一來，身為上司就會吃驚於：原來他也有這樣的能力啊！

讓部屬做事，如果失敗，那誰該負起責任呢？這要由管理者負起責任。因此，管理者才稱為責任者。據說，西武百貨的堤經理經常要求部屬要有一面成長一面贏過同業的態度。正因為如此，他才可以組成一支業界的常勝軍，攻無不克，戰無不勝！

## 教訓21　偏見使職員變得無能。上司應仔細觀察新人是否有優點！

## 試著向新人扔擲石頭以打醒對方

讓個人的能力得以發揮的方法，有一種賦予新人超出其實力的工作觀念。讓新人做困難的工作，並不是想要讓他的能力提升，其目的在於，對稍微自負自大的人澆冷水，使其冷卻下來好好思考。雖年輕時代自誇自滿並非壞事，但這是有限度的，因自誇自滿而沖昏頭，誇大不實超過某一特定範圍的職員，必須及時剎車，適可而止。否則，就會抹殺難得的才能。這樣的時候，並非以語言提醒本人，而是讓本人處理憑其能力終究辦不到的工作，讓其有所收斂。

作為自信過剩的原因，一般認為在於誤以為自己的能力卓越，習慣於工作之後已開始得心應手起來，就以為自己很行，諸如此類其實都是錯覺。公司的工作並非如此美好的東西，不能看得過於天真。

為了讓部屬明瞭這一點，平日應正經認真地試著不加指導做法就賦予工作，諸如以往本人從未見過的工作，最好是讓這樣的職員徹底地感到棘手，而改造自己、重新做人。

結果，大都能成為好職員，讓人不相信曾經一度被斥責的職員。對可愛的孩子，最好是讓其旅行，遭遇各種磨練，不可嬌生慣養。

○通運的Ｒ，進公司已第六年，作為鬥志高昂、野心勃勃的中堅職員，振翅高飛、有所作為的時期來臨了。自進公司以來，他雖一直在秋葉原分公司擔任承辦進貨的工作，但做熟了之後，不免有些厭膩。在分公司，他成為最資深的老手，顧客全都很熟稔，所有的連絡都會找上Ｒ處理。因為他是專職人員，所以工作面面俱到且很迅速，一向對營業額有極大的貢獻。

Ｒ被顧客請託：「Ｒ先生，Ｒ先生，多幫忙呀！」也被上司詢問：「Ｒ先生，那件事怎麼樣了？」等等，最後他終於產生「在這個公司裡，自己不是最吃力、最勞累的嗎？」的錯覺。即使分公司經理問道：「那件事怎麼樣了？」他也會說出：「我想我如果知道這個，那就好了！」之類意氣用事的話，逐漸地，開始對周遭的人板起臉來。

分公司經理說：「Ｒ似乎變得有一點反應過度哩。」他指示副理，解除Ｒ承辦進貨的工作，轉任整理傳票的工作。這不是單純的作業，而是要探尋追蹤貨物流通的動向，將「今後應如何從事營業活動才好」的資料輸入電腦，找出方針，在分公司是最重要的工作。

Ｒ並不明瞭該怎麼做才好。結果，放棄了努力，以後反省自己，變得老實、溫馴。如果再度回歸原來的工作，那麼，就會生龍活虎地賣力工作，顯得朝氣十足、活力充沛，也經常聆聽成功者所說的話，汲取經驗，最後，他獲得了大成功。

## 解說

一旦讓人長期在同一個地方做同樣的工作，就會變得因循苟且，成為做事馬馬虎虎的職員，或是變得自信滿滿，成為自負的職員。

然而，常言道「稻穀愈是成熟，稻穗愈是低垂」，人愈是自信滿滿，愈不能謙虛，如此一來，人的成長就中止了，無法進步。因此，像對R這樣實施下猛藥的治療是有必要的。

不過，有時也要因人而異，以語言提醒對方。首先以言語勸告：「你的確很能幹，且在我們課裡助益良多，但是，怎麼總覺得你太過自信，不是嗎？風評不好喲。我是為了你好才說這些啊！」然後觀察情況。儘管如此，如果實在不行，有時還是要像對R這樣實施治療。

若說到R的情形，上司為何未發出警告，那是因為，就像連分店店長也回答的答案一樣，他的情形已陷入無法下手的嚴重境地。

雖徹底使部屬感到痛苦，大肆攻擊其弱點，仍有問題存在，並不易進行，但有時藉由給予部屬某種程度的挫折感，會使攻擊成為「良藥」。所謂的「良藥苦口」，苦藥對治療本人的疾病很有效。

在年輕的時候，一旦工作順利地進行著，有時就會產生公司是以自己為中心而旋轉著的錯覺。而每每斷定僅僅憑著自己的力量，就使全部的工作圓滿達成，既是年輕職員的優點，也是缺點。

吉川英治先生曾說過：「除了我之外，每個人都是老師。」為了培養具有謙虛美德的職員，上司必須採取各種措施。

要教育職員，最好的方法是指導工作。在這個例子裡，上司試著給予R困難的工作，讓他驚訝於：「啊！像公司這種地方，真是不好混，竟有如此困難的工作！」讓他不再過於自信。

作為對自大職員的治療法，還有一個是讓在該課最優秀的職員與「問題職員」做同樣的工作，讓他們競賽優秀度，看誰比較厲害。這個方法的目的，在於讓「問題職員」明瞭，與最優秀的職員一起做事，就如自己正做著的工作一樣，是任何人都辦得到的。

一旦讓人長期從事一項工作，就會讓人誤以為自己凡事都變得自由了，因為如此，所以從盜用公款到接受來自來往業界的昂貴禮物，無論公司或上司都因本人而發生無法收拾的問題，有時真令人束手無策，這一點必須多加注意。

## 教訓22　應讓攻擊一次自信過剩的職員，挫其銳氣！

# 三分溫柔，七分嚴厲

上司的任務在培養部屬。在這個過程之中，必須存在著個人的工作。主張「不考慮使用年輕職員」的上司，是荒謬絕倫的。管理者一有芝麻小事就立刻辭職不幹，那是不行的，對荒謬透頂、無能怕事的上司，部屬會想說：「這種主管還是早走早好。教育部屬是怎麼一回事？」它指敎導、指示而言。並非強人所難硬逼部屬做某件事。而是採取引發部屬自動自發之幹勁的敎導方式，更具有效果。那麼，誘發幹勁的最佳方法為何？這應該還是給予讚美一法。藉由被讚美，可以增加自信，提振幹勁。不過，僅僅如此就可以了嗎？

據說，要使歌舞伎演員變得不行就要拼命地讚美對方，因為，只要對方得意忘形，不再力求精進。另外，從前人們過度寵溺年幼的孩童，以縱容的方式嬌生慣養他們，讓他們長大成人之後成不了大器。這種方式更利用於由諸侯處擄來作為人質的孩童，成為一種戰術。但它並不是意味著只要讚美即可。

那麼，培養職員時如何呢？雖可以不斷地讚美長處，但做錯的地方、有疏失的地方、有問題的地方，最好都要不斷地叱責，不可以寵溺他們。「七分嚴厲、三分溫柔」的比例就恰到好處。

**事例介紹**

來參考O紡織之E的例子吧。E負責女性員工的指導。由於主要是在工廠裡擔任現場管理的工作，因此，一整天都站著說話，一邊走動於女工之間，一邊指導工作的做法。

在資深的女工之中，零零星星地摻雜著自人手不足時即有的人員。因為這些人員怎麼也不習慣於工作，所以E在這些人的指導上使勁，嚴格帶領她們。但是，因為對員工方面使力過多，所以E被資深員工大發牢騷，怨聲四起。由此可見，女性眾多的職場，其事管理並不容易。

上司召喚E，叱罵他：「女性真是難搞呀！有一種所謂不公平的公平做法，你知道嗎？你的做法雖絕對不是錯誤的，但如不更高明地來回穿梭於員工之間，不是很無能嗎？要領不對啦。」E出於一片好心去做的事情，反落得效果不彰，並且被上司叱罵，所以非常懊喪。

看到了這種情形的上司，邀請E到小酒館去，安慰他說：「好好地幹吧！汲取各種經驗，不斷地成長呀！」因此，他也轉換心情努力地幹。

應該叱罵時就要適時地叱罵，警告二、三次仍未改正時，也應考慮解除其職務。最好應該開始被屬下議論紛紛：「我們的上司一旦生氣了，就非常地嚴厲，挺可怕的，千萬別惹他。」如此一來，部屬才有所警惕。

E的情形，是經驗尚淺、不懂要領，誤以為只要做自認為很好的事，大家就會給予認同。這可以說是極為幼稚的想法。

然而，如果在公司已達三年之久，那麼，就必須逐漸在某種程度上讀取人的心理，尤其是明瞭女性的心理。因為今後還有大大小小的事情，所以上司絕

## 解　說

對不能忽視E的失敗。因此，對E一定得實行教導，包括任用女性的要領。

譬如對他說：「E啊，好嗎？如果向部屬說了三次督促其注意，那麼即使不特別指導，資深的部屬也會說出：『○○做得很好嘛！』而大家全都明瞭你如此細心體貼，知道你用心良苦，對待所有人都一視同仁，極力幫助每一個部屬，並無私心。」

E其實很年輕又英俊，卻一直單身，所以在女工之間很受歡迎。自己不關心資深女工就發火、嫉妒、吃醋，E並無責任。

然而，公司並非遊戲場所。如果是對學生，雖然一說「因為E有人緣嘛，沒辦法。」就可了事，但若是為了工作就不能如此了。該讚美的事情、該提醒的事情，應確實指出，讓部屬明瞭。

即使工作一直很順遂、很圓滿地完成了，也未被讚美；即使失敗了、疏忽了，也未被叱責。因此，有幹勁的部屬會感到不起勁，很無聊。因為沒意思，而導致想要向公司辭職的原因。部屬一面被叱責、被讚美，一面不斷地成長，如此「抑揚頓挫」的變化，產生職場的躍

動感，假若沒有刺激，就會形成死氣沈沈的職場，毫無生氣。

不過，只是讚美是不行的。還要溫柔體貼地對待部屬，正是如此即可輕易討好部屬。

然而，一旦習慣於被討好，部屬就會潦草馬虎，偷工減料。雖因嚴厲的指導會被部屬所厭惡，所以很難進行，但如果只是一味地溺愛，組織就會陷入泥沼，無法自拔。

但是，並不表示只要一個勁地嚴加指導即可。在指導時最重要的，是對全體人員採取同樣的態度，大家一律平等一視同仁，不偏袒任何一個。如果對某人溫柔體貼，對某人卻嚴厲苛刻，就會招致「不公平的上司」的批評，每個人都不追隨你這個上司。

雖對動輒易於生氣的部屬，上司也會經常發脾氣，但對稍微囉嗦的部屬卻客氣一些，一句話也不去點破，儘管上司會如此做，這是身為一管理者最要不得的地方，管理者如果以自己的情緒去帶領屬下，那就不能以德服衆，讓每一個人心悅誠服。

## 教訓 23　褒獎而培養，叱罵而培養。不可以弄錯這兩者的平衡！

# 上司的失敗有時也有好處

誤以為對部屬必須無懈可擊、無從被挑剔，經常以最佳狀態去接觸的管理者不少。然而，人並非完美無缺的。即使有意隱藏缺點，也會在某個部份顯露出來。上司不妨認為：縱令是小地方，部屬也全看在眼底，不會視若無睹的。於是，一向掩飾著的事情，本身看起來就顯得滑稽可笑了。因此，對待部屬時，最好是將原原本本最真實的自己暴露出來，以真面目接觸。不可以想要做得恰到好處、十全十美。

上司是自然真實的人，部屬也會跟著生氣蓬勃、充滿活力，放心地說：「連我們的偉大課長都曾有過那樣的犯錯記錄，所以沒什麽大不了的！」如此，反可快速成長地發揮能力。

稍有一點靠不住部份的上司，其部屬將會如何？其實，我們經常可以見到他們比在一向可靠的上司之下更能發揮能力。為了誘發部屬的能力，雖然通常上司是被動地採取行動，但因為「相反的東西也是真實的」，似乎不可靠之上司的態度，有時也會刺激部屬：「我們必須好好去做才行。」上司並不是凡事都展現優秀的一面讓部屬去看即可，偶爾，也可以特意表現出失敗的上司被叱責的模樣。

## 事例介紹

H造船的F，是設計部的課長。部屬連女性職員也包含在內，有二十三名之多。在設計部，每天從早到晚都做著設計的工作，全體人員在鴉雀無聲的房間裡畫著圖面。

因為F課長畢業於工學院造船系，所以對船舶的設計很拿手。他總是一邊爽快地指示部屬，一邊做著自己的工作，就連他自己也以主任設計師的名義畫著圖面。

事務工作若結束，接下來還有作業，那就是畫出像大型體育館那樣的房間地板，大小接近實物的圖面。如平常一般，F課長雖畫了中心部份的圖面，但只有課長的部份有錯，以致全體不脗合。

由於這樣的事情以往從未發生過，因此，大家試著重新檢討評估：萬一若是唯獨F課長的部份是正確的，而其他的部份全部錯呢？那該如何是好？但最後仍是只有課長的部份錯了。因為圖面在半途曾數度是配合一致的，雖然這是破天荒頭一遭，但事實擺在眼前，不容置疑。因為是上司，所以大家都隱忍不說，然而，午餐時部屬們交談說到：「即使是這麼優秀的課長，有時仍會犯錯，真是令人嘆息，百感交集呀！」

自此以後，大家開始去接近私下非常難以接近的課長，圍繞在他四周，上司與下屬的關係完全改變了，變得親密多了。這真是僥倖，成功得來全不費功夫，整個公司的氣氛十分融洽。

儘管是課長也不能故意地犯錯……課長雖如此說，但若試著仔細去聽話中之意，實際上，似乎是預估往後有時間去修正錯誤，才特意地犯錯。F課長深知讓部屬發現「原來課長也不是無所不能、十全十美」的重要性。

F課長一直感到：所有工作人員甚至連小事也要到自己這兒來問，似乎過於依賴自己。剛開始時，雖覺得很令人欣慰，但他擔心不已，害怕如果自己轉任到某單位之後，奉派前來的課長是否會疑惑：「前一任的課長一向都實施什麼樣的教育呢？我應該蕭規曹隨還是開創新局？」他不希望繼任者無所適從，於是心生一計，想到一個解決問題的好辦法，讓繼任者不致無法推行政策，帶領部屬。

F課長在該課待了五年，由於已覺得：明年若無意外則已達到調任的時期，因此，當此之際考慮想要採取某措施作為收尾的工作。既要作為表率示範給部屬看，卻也讓部屬看見他失敗、挫折的地方，反過來提振大家的士氣。這是領導部屬的例外方法，他的意思，不能給部屬完美無缺的印象，以免繼任者難以服眾。

要引發出部屬的能力雖有各種方法，但在此之前，考慮對自己的工作採取何種態度也很重要。而且一定有必要瞭解：隨時都處於最佳狀態的上司，並不表示讓部屬的能力提高。有一句諺語說：「家貧出孝子。」在公司的上司與部屬的關係上，也有同樣的情形，沒有好的上司可能就沒有好的部屬。

那麼，在部屬面前暴露出自己的同時，一併消除自己的不良習慣也很重要，諸如讓部屬失去幹勁、澆冷水的惡習。在上司身上經常可以看到的習慣裡，一般而言，有如下四種。

第一，嘮叨、囉嗦。在對部屬作指示或提醒等方面，如說得超過必要，部屬就會感到內心的抗拒，想要駁斥上司：「我又不是小孩子……」

第二，心術不正、居心不良。陰陰沈沈地刁難反抗自己的部屬。舉例而言，常獨自一個人離席，躲得遠遠地，去喝酒、購物等。

第三，只看上面，採取完全無視部屬的態度。

第四，不承認自己的錯誤。徹底將責任推卸給部屬。如被這種上司帶領，非但部屬不能施展才能，反而很可能扼殺了剛萌生的能力。

上司如能禮賢下屬、不恥下問，部屬就會很高興的努力工作，且積極進行工作的提案。進而考慮：如果自己去做，應怎麼做才好？並全力以赴地實行思考之後的計劃。

## 教訓24　有缺點的上司讓下屬安心。不可勉強隱藏！

## 現場是唯一的學校

讓部屬的能力發揮出來的最佳方法，是讓其在現場工作。據說曾有一位以色列的達雅將軍說過：「戰場是唯一的軍官學校。」

無論在哪一家公司，都是熱衷且徹底進行新進職員的教育。因為優秀的職員愈是增加，公司業務便愈加進展，這種教育都是可以理解的。然而，如要成為教育方法，各公司全都以桌上的學習研究為主，從公司外去聘請講師，花費鉅額的經費及長久的時間。這雖不是壞事，但只是腦袋裡裝得滿滿的，在實際上幾乎起不了作用。因此，對課長而言，不應依賴公司的教育訓練，希望每一位主管要有「教育是自己實地去做」的氣魄。

但是，實際的教育是什麼樣的東西呢？舉例來說，若是有關業務的工作，課長應立刻帶著新人到客戶那兒去，只要讓其看到現場的工作情形即可。若需要積極主動、全心投入的業務，那就和新人一起做。

如此一來，觀察新分派來之職員的特長在哪裡？即使是同一個業務，也要不停地判斷新人做哪一方面的工作是最理想的。不可以屢次依賴公司的教育訓練就放心了。

切記，不可僅憑公司人事考核課所記的特長而分發新人，委派工作。

被分派到Y產物保險公司淺草分公司來的K，在一年的研修期間，成績是特A的第一名。他不僅頭腦好，連口才也是一流的，所以立刻可以在實務工作上任用。

無論分公司經理或主任，都以直覺判斷說：這個人有一天可肩負公司的大任，絕非泛泛之輩。正因為期待很大，所以有意好好地栽培他的分公司經理，親自帶著K巡視了代理店一圈。按理說，由有三年資歷的前輩級職員帶著他巡迴四處乃是一般的做法，但基於上述的原因，分公司經理親自出馬帶著他跑。

截至目前為止，他雖一切都很不錯，但帶著他一起巡視令經理大為吃驚。K的知識確實很豐富，卻完全沒有與客戶交際的手腕。在總公司的期間，上司幾乎未讓他從事外務工作。

即使同樣是新人，仍有被分派到分公司從事業務工作的人，有進入總公司從事事務工作的人，也有在分公司從事這兩方面工作的人，每個新人都從事著各種不同的職種。因此，並不一定得進行在外面巡迴、與代理店打交道的教育。非得從事業務工作的職員，被分派到某個部門之後，只要能做事即可，這就是總公司的方針，並不管本人是否適合。

有鑑於此，在新人教育的全部課程之中，只有一點敷衍了事，有名無實的研修課程，勉強拿來充數。也就是說，分公司經理的首要任務是實現分派來之新人的才能，使其能擔當重任，早日培養新人成為成熟、獨當一面的職員。

## 解說

除了特殊的職種之外，無論在哪一家公司都有與業務相關的工作。只要一看總經理職位者的資歷，就會發現：大部份的人，年輕時都經歷過業務相關工作。不，也許說被命令這些工作比較正確。

K一開始就突然擔任業務工作，但因為不習慣於工作的緣故，最初並未符合理想，非常苦惱。然而，儘管如此，分公司經理仍積極帶著他四處走動，認識客戶。

產物保險的代理商有古老的傳統體質，主管們都擁有「自己這一群人支撐著公司」的自信，不去聆聽本公司年輕職員所說的話。但是，這樣的工作卻有利於年輕的K。

從前的人，即使讚許某人年輕時代的勞苦，也是說「做吧！」特意施加勞苦，而加以培養，但在公司的工作之中，最困難的是業務工作。相對於無論多麼困難都是在公司內做的工作，只被自家人所包圍，業務工作因為需外出，所以很艱苦。由於一切大大小小的打擊、挫折接踵而至，因此身心皆受到鍛鍊。任何優秀的教官都是一樣，比起教導，對待一位客戶的方法，遠較能讓學員學習到東西為佳。

K也因為經理的過度保護，帶著他巡迴四處，所以藉口說要獨立，要求逐漸習慣之後就一人單獨去巡迴四處，自己與代理店接觸。不久，從代理店方面不斷地傳來風評，經理都一一耳聞了，譬如「K應對有方、辦事周到。」「K圓融、機伶可取。」可見他被任何人所喜歡的性格被接納了，客戶們與他建立了良好的關係，這意味著K具有最適合業務工作的性格。要從衆多職員之中尋求適合從事業務的人並不容易，因此，K是公司珍貴的「資產」，身價上漲而顯得不凡。於是，上司無視「未真正進公司超過五年以上就不得負責業務工作」的規定，竟讓他負責巡迴銀行的工作，藉由向同系統的銀行介紹存款戶，他也因而承蒙銀行介紹產物保險的客戶，得到了許多工作，增加了不少業績。

在這方面也獲大成功，可以說一帆風順。他本人也變得有趣，人事評價甚至被上司打了「最佳」的最高分數，由最初的「尚可」，進步為上司所倚重的人才。

K的例子，分公司經理無論如何都帶著他一起巡視代理店的做法，成為他發揮才能的契機。這是一個很好的實例，說明了如果判斷出某人令人覺得很有前途，可堪造就，那麽，管理者親自動手在現場進行指導，是如何關係著部屬的能力發揮與施展。

這雖是業務工作的例子，即使是其他方面的工作，藉由在現場的磨練，可以發現部屬的才能，上司也可以找出適當的培養方法。也就是說，任何一種工作都要在現場經歷一番實務上的磨練，增加應變能力，處事待人的圓融度。

**教訓 25　工作並非在桌上教導，而是現場教導。這是使新人才能得以施展的捷徑！**

## 說服力成為發揮能力的關鍵

只是處理所賦予的工作，並不能說是一個成熟的職員，一個成熟的職員，必須讓被交待的工作迅速地完成，匀出時間去提升能力。

因此，首先希望磨練的能力是說服力。公司職員並非一個人獨自做事，而是非得大家集中一致去做不可。雖進公司當時，只要一邊接受來自周遭的指示，一邊工作即可。但歸根結柢都以自我為中心而發出指示，非得對大家用心鞭策。縱令自己在年齡上最年輕，但仍須請年長的前輩五、六位集合在一起，聚衆人力而得到協助才行。

在這樣的時候，儘管是前輩，仍有必要不斷地引導新人至自己所考量的方向，讓前輩明瞭新人的想法，根據不同的情況，或許必須從周遭的每一個人一個一個地開始。恐怕也會因而獲得特別預算的必要，宜極力爭取。

因此，上司必須讓部屬學習增加說服力，凡事都條理分明，使人信服。按理說，讓新人帶著課長所實行、委託的案件到各課去，讓他說服各課，即是最好的訓練，上司因為部屬靠不住就全部自己去幹的愚蠢行為，是行不通的。

T精密工業是著名的鐘錶製造廠。A分派於總公司的管理部。來自全國的預算請求，不斷地傳進來。決定核准與否是由經理、主任、課長提到常務會上討論，然後執行決議。然而，每年年初所決定的預算都不足，追加預算的請求接二連三降臨。A的工作，是接受這些請求追加預算的文件，作種種整理之後呈報給上級。T公司並未刪除太多追加預算的要求，但該公司也正因景氣蕭條而實施經費縮減政策，對請求追加預算來者不拒，每一件都「OK」，這實在太不應該了。

雖抱怨針對課長而來，但也降臨在A身上，至於總公司，則誤以為A也應有與頭銜無關的決定權，但是，A當然沒有某些決定權，他不能決定一切。因此，A拒絕說：「總公司所經營的業務內容是火車，來自任何地方的分公司、工廠的要求都加以拒絕。」「雖大致上都呈報上去了，但有很多都不能通過。」課長也極力栽培A，重用他，強迫他擔任將總公司的態度傳達給對方的角色。這有兩個目的：

一是，A的職位層級不會傷害對方，且因為A也沒有決定權，所以在某種意義上表示他比較容易說話。

二是，為了增加A的說服力，而特意讓他做這項工作。

為此，課長在背後一邊教導A拒絕的方法，以及不講情面地說服，且不使對方生氣的表現方式，一邊讓他做事。

所謂大企業，是指職員數目有五千人、八千人乃至一萬數千人的公司而言。因為待在同樣的公司，所以每每以為全體人員意見一致且一條心、成為一體，但實際的情況卻完全不同。雖有「公司內部規則」這個名詞，但說服公司內部的人，且讓其推銷、說服客戶的工作也非常重要。

A雖還年輕，但被分派到的部門只是一個小單位，沒有說服力，他僅負整理文件的工作而已。因此，從被分派時起課長就告訴A說：「這裡並不是與機器大眼瞪小眼的地方，堅決削減來自分公司、工廠請求的預算額即是工作，這是非常辛苦的工作哦。」又說：「如說服力不強這個單位就維持不了。」

並且，他具體指導A為了增強說服力的做法。

第一是，被對方所信賴，如不被信賴就無法說服。只要受到信賴，對方就會洗耳恭聽自己的話。這個時候的信賴是基於公平性。某家工廠的請求認可了，某家分公司的請求卻不准，那就會失信。不過，也有時候因基於公司的方針而不得不只認可一方的請求。此時，有必要坦白地說明這麼做的必然性。

第二是，極力將業務的狀況光明正大、毫無私弊地公佈出來，讓衆人明瞭。雖正因為是金錢上的事情所以有其限度，但仍必須努力於儘量做得清楚無誤。

第三是，說服的魄力。投注自己的熱忱，熱心說服對方，無論在什麼樣的演說裡魄力都是最重要的。如果身體狀況不佳，反而被對方所操縱、使喚。不過，即使新人腦筋很清楚，但實際上對方也是拼了全力放手一搏，所以並非那麼順利。因此，此時應實施「職務實際操演教育訓練法」，上司擔任對象一方，讓新人來說服自己這一方。因為勉強馬馬虎虎、應付了事，算不上學習研究，所以要讓新人嘮叨不停地攻詰上司。即使眼看著新人就要哭泣起來了，也不附和其說服，以事不關己、蠻不在乎的模樣不回應也不同意新人。在其想盡一切辦法仍無效，且完全放棄說服的當兒，再給予援助幫其解圍。然後，在筆記上寫下「那個時候應該這麼說呀！」或是「那種表現方式不妙喲！」等檢核項目，對新人實施教育。

這雖是公司內部的例子，但公司職員更多的「邂逅」是與公司以外的人交涉、應酬。如果當上一定職位的幹部，那麼因涉外而外出的機會也將比事務工作更多了。對一個成熟的公司職員而言，說服力是絕對不可或缺的。

這雖是公司內部的情形，但公司職員更多的相遇、機會，是與公司以外的人之交涉。如果成為一定職位的主管，比起埋頭伏案的事務工作，外交工作的機會也顯得更多，對一個成熟的公司職員而言，說服力絕對不可或缺。

## 教訓 26　說服力的優劣決定成敗。應該磨練得純熟一點！

## 培養所有新人草擬企劃方案的能力

「只要做被賦予的工作即可」，是針對尚在見習或研修期間的職員而言，縱使只具一年資歷的新人，如被正式派任工作，那就必須指導新人經常抱持著問題意識，思考自己是否處於「最佳狀態」？而且，上司也必須經常如此指導新人。否則，沒有餘裕的新人就會成爲默默處理所賦予之工作的「機器人」。

一旦具有問題意識，隨時發現問題、化解危機，與作為機器的齒輪而進行工作，兩者之間的實力，在數年之後將出現天壤之別，在成就上也大不相同。

因此，作為一種訓練方式，只要讓新人不斷地草擬企劃方案即可。雖然上司對一直提出可以採用的案子並無太高的期待，但在讓新人用腦思考問題上，卻深具意義。一個新人是否具有草擬企劃方案的能力，大大影響其晉陞、出人頭地的機會。而且，在新人期間被栽培的能力直到退休為止仍保留著，成為本人的財產。

因此，打從一開始就接受上司所賦予的要求，培養能力的職員是幸福的。新人連這樣的道理也毫不明白，或許會抱怨：「才剛進公司，卻要我做這做那……」。不管如何，上司不要讓新人以為自己是新人而有所藉口推託，並不斷地讓其思考問題，有所成長。

## 事例介紹

進入T車輛製造股份有限公司工作的J，負責整理向運輸省（交通部）提出之文件的一部份工作。

向政府機關提出的文件一直被型式化，若不符合一定的標準，則無法蒙其收件。因此，這是最費心勞神的困難工作。當然，因為J君是做草擬的工作，所以可以不太費心勞神。他按照被命令、吩咐的事項，看著範本雛型去寫，每天持續去做同樣的工作。

就向政府機關提出的文章而言，它既沒有企劃也沒有草案，上司指示J說：「擬稿時可以再稍微下點功夫嗎？因為耗費太多的時間……」

然而，J連書寫方式都尚未習慣，因此拒絕說：「我還不適合寫，很勉強。」與其如此說，還不如多讓上司看見自己的手足無措，假裝非常棘手的模樣。

上司提醒他：「J先生，今後不具有問題意識是不行的喲，要好好地想一想：「這樣就可以了嗎？或有否更容易完成工作的方法？」

J當然顯得很困惑，雖只是草擬企劃方案，但他處理被賦予的工作都全力以赴，不敢怠忽。上司也非常明白這一點，所以才命令他做。

因為J連最初的指示也未理解得很清楚，且非得讓他重做數次不可。由於J的被動態度似乎與這個情形有關，因此，上司認為若讓他做攻擊性工作反而會順利成功。如此一來，培養出來的人才要多少就有多少，每個都身懷絕技，足堪大任。

另一理由則是，讓J具有從一開始就思考著的意識。

一般而言，要提高企劃能力，上司首先必須實際地處理各種不同的案子，示範給部屬看。因為，若不以身作則樹立榜樣，則無論如何說「想一想！」部屬也不明瞭應怎麼做才好？如果沒有經驗，即使如何費盡口舌去說明、指導，部屬仍不明瞭。

儘管如此，思考方式的順序還是有其類型。在常識上，普通都是讓問題點浮上檯面，確認其原因，針對該如何做才能解決這個問題，想出幾個方案的類型。接著儘可能集合大家的智慧，共同拿出主意，選出最好、最適合的方案。

最後，將該方案具體化，付諸實行。

教會部屬此一程序，或是自己做給他們看，然後讓部屬也做一遍。

最初施展企劃能力是最重要的。部屬雀躍地前來提案時，即使案子毫無價值、微不足道，也不應該冷淡回覆，給予部屬嚴酷的打擊，他即興匆匆地來提案，上司怎忍心澆他的冷水。此時不應讓部屬認為上司無暇聆聽提案，無論如何，要詳細地幫部屬檢討：

提案是基於什麼樣的想法而草擬出來的？是不是誤解了？是不是具有問題意識，列出所有可能發生的問題？有沒有因經驗不足而犯了解釋上的錯誤，有沒有必要再次在腦海裡不斷地演練？……等等。

即使是再多次，也要讓部屬重新草擬提案，看看是否有更好的方案，直到找到最好的方案，寫出最完美的提案為止。

這種「重新再做一遍」的過程，有益提高部屬的企劃能力，是訓練新人的必經過程。在訓練的過程中，才能養成獨立思考的能力，進而獨當一面。

無論部屬如何能幹，事情辦得多麼漂亮，如果這些職員不具有自己獨立思考的能力，僅作為「一個口令一個動作」的兵卒，無法獨當一面。因此，即使是後天的訓練，上司也有必要指導部屬學習企劃能力，這完全是為了部屬著想的。

## 教訓27　草擬企劃方案成為提高個人的適當訓練！

## 以「目標對準東京大學！」為暗語

已經進入了公司，至今再也沒有東京大學了吧！也許有人會如此想。其實，東大一詞只是比喻而已，若要說它代表了什麼意義，則可以說是：「一開始誰也不知道新進職員有什麼樣的能力，因此，並非想以馬馬虎虎的標準去鍛鍊他們，而是要試著提出相當高的要求！」

就此意義而言，只要眼看著快要壓垮部屬的話即降低要求，就不成問題了；對上司而言，向部屬妥協是一大禁忌。也就是說，上司打從一開始就必須判定下屬有何種程度的能力，並在一旁督促他們發揮能力。

一旦下定決心去攀登富士山，則與打算帶著便當去爬附近的山峰是不盡相同的，打從一開始的心理準備就不一樣。而和攀登富士山如出一轍，對新進職員也應在一進公司之初就激勵他們：「若沒有當總經理的氣概就不行喲。」為了當總經理，從今以後非得消化相當高標準的工作不可。上司應要求部屬做到這一點。

因為，新人大部份想要謙虛地展開工作，掌握不住其完整面貌，也無法瞭解其真正能力，因此，上司應給予設定較高標準：「這樣是不行的，請非得做到這個程度不可。」不可以嬌寵、溺愛部屬。部屬或許具有遠比你所想像的更高的能力也不一定。

**事例介紹**

進入T物產工作的P，負責雞蛋業界的工作。關於T物產，是將從美國購入的飼料批發給日本全國的雞蛋業者，換言之，是從事「領養」雞蛋的仲介業。

這家T物產貿易公司，展開一般處理從拉麵到導彈範圍廣泛的商業活動而非常著名。P在如此為數不少的部門單位之中，被分發至處理雞蛋的單位，一直想要到更合適的工作單位的P，稍微流露出對從事訪問地方上的雞蛋業者、與業者洽談交易事宜的工作有嫌惡之意。

然而，對處理雞蛋的業者而言，無論正月或星期六、日等假日都與己無關，早上也要一大早就出門，儘管說是服務於大型企業，但比對方更辛勤地工作，每每連休假也必須上班。

P某一天向上司表明心意：「被分派至這樣的職場並非我的理想，我要辭職。」於是，上司告訴他：

「就連現在的總經理，他也是打從一開始就進入負責雞蛋的部門呢。可是，承蒙日本全國的雞蛋業者增加交易量，拜這個部份的飼料也購買得很多之賜，獲得大成功！現在與我們公司交易的業者，有三分之一都是從總經理的時代就持續了三十年之久哩，你也應以這種氣概努力去工作。」

從那一天起，P振作精神，改變心態，全力以赴地投入工作。

## 解說

現在這個時代，即使是學校，星期六、日也成為假日，不需上課。如果進入大企業工作，那麼大概百分之百是完全週休二日制。認為這樣的事是理所當然而進公司來的P，難怪親眼目睹甚至連假日也要上班、必須在散發著異味的雞舍進行現場訪問的實際情形，就大吃一驚。因為是不將辭職認為是壞事的年輕人，於是他開始探尋哪裡有好的公司？一心想要跳槽，這也並不奇怪，現代的年輕人就是這樣。

課長根據「與其拙劣地勸慰，不如讓其一直採取積極向上的態度」的觀念，指導P藉由努力工作而消除煩惱。他利用讓部屬擁有大目標的原理，使他們熱衷於工作。這不僅是要求部屬具有出人頭地的志向而已，也具有引出本人潛在能力的意義。上司預先試探說：「儘管是新人，但這種程度你就沒辦法了呀！」雖可以認為給予新人與實力相符的工作，乍看之下很理想，但實際卻相反。或許新人出人意外地能幹也不一定呢！

不能幹的時候，只要說：「好像稍微困難了點。也難怪哩，因為這個工作是讓進公司約第十年的人做的工作呢！」趕緊賦予更為容易的工作，不使其喪失自信，那就不成問題了。

新人具有何種程度的能力？誰也不清楚，有時甚至連本人也不知道。因此，除了首先上司具有勇氣，試著讓新人去嘗試之外，別無測驗其能力的方法。

通常，不會由部屬一方有所意圖地說：「請讓我做更高難度的工作。」畢竟仍有顧慮，太客氣。如果無法順利圓滿，那就認為是自己的責任，無論如何都躊躇不前、猶豫不定，P雖也很想說：「因為我有○○的能力，請再讓我做別的事情。」但卻以「希望辭職」的變形說辭向上司表明心意。

要求的水準一高，部屬就顯出困惑。然而反過來說，卻覺得很高興，心想：「自己那麼被上司期待著嗎？」這一點證明了：連對目前也未抱持著不滿，積極朝前衝刺，一點點的牢騷、抱怨也飛逝得不見蹤影了。

上司應說這樣一句話：「現在的總經理也是如此哩。你也可以以總經理的成就為目標，向他看齊！」讓部屬對自己的角色、職務覺醒過來，讓其具有自信，努力加油、全力以赴。並且，確認部屬本人的能力有兩個目的。

儘管人的能力都是與生俱來的才能，但藉由一步一步往上進步，不斷地磨練，每個人都應該會一直成長，獲得各種能力，施展潛在的能力，盡情地發揮。

## 教訓28　經常讓新人向大目標挑戰！不可以輕視其能力！

## 責任的歸屬在於上司

使部屬的才能得以施展或抹殺其才能，大部份是上司的責任。愚笨的上司很可惜地將有為的人才視為無用、無能之人，是常有的事。所謂的具代表性的愚笨上司，是雖不斷讓部屬做事，但一犯錯就臭罵一頓，將責任全部推諉部屬的上司。自己推卸責任，做事敷衍了事而想平步青雲、飛黃騰達，即是他們的本性。

沒有一個部屬想為如此的上司成為犧牲品，去協助上司。再者，也有上司非但不負起責任，而且發生困難的問題自己便找出理由逃避，儘可能讓部屬去處理。對客戶的抱怨或非得向上司認錯問題，完全將責任轉嫁給部屬，自己則佯裝成若無其事的局外人，這樣沒有擔當的上司，充其量只能說是一個混吃等死的傢伙。

所謂的管理者，必須清楚認識，自己的工作要擔負部屬所作所為的責任。無論是多麼微小瑣碎的事情，也不可以迴避責任。

這一點成為使部屬活力旺盛工作、施展才能的重要因素。另外，即使從公司立場來看，由於管理者逃避責任是很可恥的，因此想要給予這個主管最低的評價。縱令晉陞上位，好像很有出息的樣子，充其量也是停留在課長的位置就結束了。

進入O報社工作的M，經過一陣子之後，被命令到金融機關去採訪。正當這個時候，由於空幻的計劃失敗了，且因任何一個金融機關都景況不佳，總是不答應他去採取。偶然的機會之下，一位在某地方銀行負責公關宣傳的大學學長，才為他說明了最近銀行的內幕消息。

事情詳細的內容在此省略，總而言之，以往的商法被世人所毀棄而不再沿用，正因這一點很嚴重，不能小視。然而，擁有呆帳的情形時有所聞，各家銀行的經濟狀況非常困難，財政都陷入了窘境。這雖並不表示完全作了報導，但就新聞的特性而言，是要相當接近真相，愈逼真愈好。當然，總編輯也過目了，這次是以有趣的事情作成報導文章，過了幾天卻接到來自學長的電話，內容是說：「你不是連我說過的絕不可引用發表的秘密都寫上去了吧？你不是連只略知一二的銀行近況都寫上去了吧？現在銀行內部正在尋找兇手，真糟糕啊。你究竟在搞什麼鬼?!」M雖想要憑一己之力去扣壓下這份報導，不發表出去，但被總編輯藉口說：「若不寫到那個程度就沒有鮮趣了。」所以便追加上去。

然而，總編輯辯稱種種理由，不知為什麼，不由得無視M「不管如何請設法向我的學長解釋清楚」，對M的話完全無動於衷。M雖不明瞭學長將會如何對待地，受到什麼樣的待遇，但可知道以後的採訪報導快成不可使用的廢物，眼看著自己的心血幾乎派不上用場了，他不免有些落寞、難過。

## 解說

M會光火自不在話下。總編輯推卸說，若對對方做恰如其份的闡釋，或許可以在某種程度上補救。原本，就慣例而言，上司一定袒護、包庇寫報導的人。這個例子，總編輯仍有其他二～三件的麻煩事，但似乎在不知不覺之中形成推諉責任的說話方式。

如果是有經歷的記者，就會知道總編輯預料到非常嚴重的點面，無論如何都得自己設法去應付，但M仍是新來乍到，這樣的情形是頭一回。不過，公司雖然讓他寫稿，但如明瞭上司不會為他負起責任，他以後就害怕得不敢出手寫作。

在報社的特性上，痲煩、紛擾是在所難免的。任何人都不喜歡紛爭，而去做不喜歡之工作的人，就是上司。否則，要保持上司與下屬之間的信賴關係大概是不可能的。若反過來說，連上下層級稍有不和諧的關係，也是上司站在前頭處理部屬的錯誤，就一次解決了。就某種意義而言，也可以說是良藥。

拙劣的管理者會誤以為，由於部屬自己犯錯失敗，因此讓本人去進行這個錯誤的處理，是將本人當作能幹的職員來培養。根據事情及狀況而作處理——這樣的事情雖也有可能，但這個例子應該由總編輯負起全部的責任。

因此，M也心想：「果然沒錯，所謂的公司，就是如此吧？」毫不擔心地專心致力於工作。這一點關係著身為利用紮實的採訪，而書寫優秀報導之記者的成長。

將不喜歡的事情推諉給部屬的上司，有關公私兩方面，性格上有強烈避免麻煩事情的傾向。另外，不希望失去好不容易才得來之地位的消極想法，似乎經常對自己的行為造成影響。因此，部屬是不會跟隨腳步而來的，要培養優秀的部屬是不可能的。這樣的上司，不但團隊工作搖晃不定、岌岌可危，而且全體也都陷入陰暗沈悶的氣氛。

上司必須自己供認罪狀，負起責任，愈困難的問題更愈身先士卒，站在前鋒解決問題。不過，實行起來確實非常困難。因此，A級的困難問題由課長去處理，B級的麻煩交付給其心腹、助手副課長級的人，C級的麻煩則鄭重其事、仔細教導部屬處理的辦法，就讓部屬本人去解決問題。

這樣一來，既不會由上司出面應付解決，承擔一切責任，也不會造成更大的損害；而且，部屬並非沒有依賴心重、推卸責任、嬌生慣養的一面，需訓練他們獨立才好。

## 教訓29 錯誤及麻煩愈大，上司愈應去處理！

## 以未知的領域磨鍊才能

總經理感覺到有些副總經理、董事決心要做下一任的總經理。此時，總經理對這些人應該讓他們每隔二年就換一個部門，做各種不同的工作，令他們感到瞬息萬變、變化莫端。這是因為，當這些人有一天當上總經理時，即使有來自公司某一部門的案件待處理，也可以判斷內容，找出解決的方法。總經理如果想說：「我從未經歷過業務工作，所以感到很棘手……」等等，公司就會功虧一簣，無法永續經營。

那麼，在養成年輕職員方面也可以說同樣的道理。如果讓職員在年輕力壯、仍是新人的期間，經歷各式各樣的工作，累積經驗，那麼，他們在就任職務之後將不知何等愉快輕鬆！反過來說，在一個部門被當作二十四時隨傳隨到來使喚的職員，雖作為某方面的專家是很成功的，但從出人頭地這一點來看就很不幸了，他恐怕永無晉陞的一日。為了發揮部屬的個性，表現各人的特質，施展潛在的才能，上司應該不斷從事未經驗過的工作。

不過，在此所說的「未經驗過的工作」，約有一半是意味著公司剛開始涉及的領域、全新挑戰的工作。也就是說，將新人投入全然嶄新的領域，測試本人的才能何在。年輕人的失敗是被容許的、被原諒的，未經驗過的領域可以說是為了培養年輕人的最佳場所。

## 事例介紹

服務於S醫院的O，並不是醫師。他畢業於文科的大學，進入總務部工作，在事務長手下，協助處理醫院的一切事務性工作。雖然員工不足五百人，以醫院來說已是規模龐大的一家，但相較於一般大企業的數千人、數萬人這樣的數目，就顯得小巫見大巫了。

因此，即使是新手，也被賦予相當責任的工作。藥品的採購，甚至連護士之間的紛爭也插手干涉，而來自醫師的各種要求也不斷地提出。對醫師而言，O從年輕時候起就口才流利，於是將「請幫我傳達給事務長……」的不平不滿丟給O，請求解決。

這也意味著，O在醫院內很有人緣，事務長心裡很想要將O培養凡事都可以委託的職員，為了增長其能力，相繼地交待他從未經歷過的工作。有時，O雖也疑惑地心想：「為什麼非得被命令做這樣的工作不可呢？」儘管如此，他仍默默地努力去做。

急診病患的搬運、入院的櫃檯業務等，何時會來臨並不得而知，令人有緊張感，然而，進行與醫師、消防隊（救護車）的無線電連絡，是最困難的工作。平時讓相當有經驗的資深職員去做是很合理的，但院長為了提高O的能力，一邊在背後支援協助，一邊讓他自己去做。雖剛剛開始起步，但往後會變得怎麼樣並不知道，而事務長正以其未來前景為樂事，享受於其中。

〇的情形，因為人數受限、人手不足的緣故，所以完全與中小企業等機關團體立刻被使用於實務工作的任用方法一樣。

以大型公司的例子來說，職員雖是公司的齒輪之一，但總是無法承蒙上司讓部屬去做責任重大的工作，但中小企業是不一樣的。迅速地增進實力，反而像〇這樣的情形才發生。

事務長也因人手不足而有「為了更大的利益只好犧牲小的利益」的藉口，使他變得豁達大度，凡事很看得開，不再斤斤計較於小事。

## 解說

無論如何，將困難而從未經歷過的工作委任給部屬時，重要的是，讓本人下定認真而絕對能完成工作的決心。儘管是上司的命令，但實際上卻沒有自信達成目標，束手無策，以此態度去工作，是沒有成功的希望的。果真如此，那就反而失去自信，無法學習新的能力。

因此，在讓部屬工作之前，應試著探詢：「這一次已決定請你做××工作，要完全仰仗你了。」此時，不要提出詢問「希望如何」或「沒有問題吧？」的問題，以及會讓新人吐露拒絕話語的質問方式。大致上以百分之百的命令語調去吩咐事情。

新人如果擔心地從事工作，那就要嚴加監督，在旁照料指導，一旦發生突然性的障礙，即在旁待命，立刻援助。因為，如果不能如期、規矩地完成工作，當然就會連醫院（公司）的工作也做不好。

而且，如果部屬能力不斷地提高，千方百計地設法掌握工作的竅門，那麼，就要給予讚美：「哎呀真能幹！我果然沒有看走眼喲！」等等。由於被讚美了，本人也會加深自信：「我並不是一無是處呢！」

如此一來，事物就會一直繞著好的方向轉去，好運連連。也就是說，即使上司不給予部屬未經驗過的工作，自己也會逐漸願意去做，自動自發。因為逐漸從本人提出「下一次請讓我做這件工作」的要求，所以非常有趣。

不斷地努力學習、積極前進的部屬如雨後春筍般迅速地成長著。儘可能培養許多如此的部屬，即是一個好的管理者。

為此，最重要的是一開始時的指示態度。因為大部份的年輕職員都是沒有自信的，所以必須好好開導他們，譬如：「說什麼愚蠢的話。不認為這是老天所賜予的大好良機是不行的呀！因為有人就算很想做，老天也不給他機會呢……」

## 教訓30　從未經歷過的工作，成為發現部屬能力而使其施展發揮的時候！

# 第四章

# 依類型進行新人教育的十大要點

## 「沒有問題」的人，是危險而容易慌張出錯的類型

新人之中也有各種類型。即使希望以利用一視同仁、全都放在一起的方法進行，但實際上是行不通的。如果想要真正提高教育訓練的效果，那麼，就必須依照「因人而異」的說明為原則，進行因人施教。不可以藉口「因為非常麻煩」，而採取集體指導的教育方式。新人之中最多的類型，是囫圇吞棗、自以為是，對上司所教導的事情，憑自己的感覺貿然斷定：「大概是這樣吧。」這也可以說是輕浮、草率的類型。

如果像學生時代沒有任何責任時，即使不懂，卻硬裝懂也沒大問題，但是，儘管是新來乍到，一旦成為公司職員，還藉口：「因為似懂非懂就自以為是，所以貿然斷定這件事該這樣做……」那就不可原諒了，非得負起責任不可！無論在金錢上、商品上或身份上，不管是那一方面，光用嘴巴道歉是行不通的，犯了錯就應勇於認錯，負起責任。

上司必須徹底教會部屬這一點。譬如告訴部屬容易慌張出錯是如何地危險，那就像跑在地雷區一樣。對這種類型的人，應教導他們無論如何都要確認幾次，找出肯定的答案。讓他們一個一個在上司前面說：「這樣就可以了嗎？」「請現在讓我再確定一次。」不確認的期間，不會使工作有所進展，讓確認做到恰到好處。

**事例介紹**

K水道衛生工程公司的Y，進公司雖是第二年，但偶爾仍會因為做了糊塗事而被上司警告。

Y雖擔任接受來自客戶的工程訂單、向下游業者發下訂單的工作，但在此一期間也犯了大錯。曾有來自某位客戶的指定，大意是說：「希望七月十五日來做工程的估價。」他一直被客戶叮囑著：「因為要外出到信州地方旅行，所以希望在此之前完成工程，你一定要記得來。」

向下游業者發出訂單之後，一般情形是不會發生錯誤或失敗，但Y竟然弄錯了，將七月記成八月，足足差了一個月。他如果能確認一次，應該不致形成這樣局面，但無論Y的記載錯誤或聽錯，都是因為草率、馬虎所致。

客戶大發雷霆，掛了電話來，這才明白一開始就因負責的Y聽錯了日期。不消說在電話連絡表上清清楚楚地記錄著「七月十五日」，於是判明是Y的錯誤。課長雖低頭道歉陪罪，但結果仍失敗了。客戶改向其他公司下訂單。

如此一來，便失去了一位重要的客戶。

失去一位客戶就等於失去十位客戶一樣。因為，在口碑上「那家公司不行」的可怕風聲會擴散開來，廣為傳播。這位客戶永遠不會回頭。

## 解說

對新進職員而言雖是經常發生的情形，但是「老」職員卻不應犯下如此的錯誤。錯誤的形成，往往是輕率、急躁類型的人所做的。由於課長不認為Y是輕率、急躁的類型，因此放心地交他最前線的重要工作。

「做一次不就行了嗎？」說這樣的話是外行人的階段。對專業的「公司職員」而言，並不容許如此馬虎了事的態度。Y當然付出了慘痛的代價，經過此事之後，課長重新認識了：「Y是輕率、急躁的類型」，並採取了如下的應付措施，讓他改掉輕率、急躁的毛病。

首先，徹底傳達意思告訴Y：「今後客戶訂單一定要向我連絡、報告，再次確認。」在叱責一頓「只要沒有我的確認章，就不可以接下工作！」之後，再讓他恢復現在的工作。

再者，也指示Y養成自問自答、多次確認整件工作的習慣。因為縱令上司怎麼提醒、警告，本人如果沒有自覺，那就成不了什麼大事。

另外，讓Y參考前輩永保慎重得近乎嚴苛的確認作業。儘管是見習，也曾指示Y應比前輩作更多的確認。

藉由以上的三個指示，課長認為，Y大概已不會再因冒冒失失、匆匆忙忙犯下大錯了。

無論如何，儘管犯錯了，部屬仍會一直成長。尤其是平日就一向慌張出錯的部屬，不知何時會犯下大錯，實在難以預料。因此，首先在新人有相當鍛鍊、累積經驗之前，最好不要讓他從事危險的工作。

那麼，應從什麼樣的行為去判斷部屬有無冒失匆忙、慌張出錯的可能性才好呢？試著在如下的時候提醒，警告部屬吧！

①聲調很高地回答「是、是」，保證絕對沒問題時。

②過目文件時。僅一次就不再重讀、反覆再三地閱讀時。

③不作確認時。

④如果要作選擇說出哪一個好就覺得厤煩透頂，對處理數字感到窮於應付，非常棘手時。

⑤桌上老是雜亂不堪，不去整理。

⑥一提醒、警告就輕易許諾：「沒問題的。」「請給我處理。」等等。

雖然性格無法完全改正得完美，但藉由教育，可以防止部屬犯下致命性的錯誤。

還有，要更嚴格地教育部屬，不要喋喋不休地教導，務必切中要點，一語指出錯誤。否則，就可能使提醒、警告，變得冒失、慌張，失去效果。

## 教訓31　在新人確認的習慣完全養成之前，對新人不應該放心！

## 急躁的類型從頭改正才是正確做法

人的性格，大致可分為急躁型及溫吞型兩種。若以比例來說，大約是七比三，以急躁的類型居多。如果特別集中於男性部份，那就變成九比一的比例。

從這個結果要提出的問題是，極端急性子、沒耐心的類型。急躁的人動輒容易發怒，稍有不順利、不如意、擔憂的事情即顯得焦慮不安，因微不足道的事而大動肝火、暴跳如雷，惹得周遭的人瞧不起。尤其是新來乍到又採取這樣的態度，縱令這是自己本身要生氣，但對別人而言仍是一種困擾，導致他人不愉快。

一般來說，急躁的人大都是單純的人。因此，只要上司說話就立刻當場平靜下來，避免可能引發風波的場面。不過，他們往往又立刻動怒。

如果有這樣的部屬，那就必須告訴他們：「不要任性！如果以為在公司可以隨心所欲地感情用事，那就大錯特錯了囉！」即使有不稱心如意的事情，也不可立刻形諸於感情，表現出來——讓部屬知道這一點。公司是以組織的形式而運作著，無論職員多麼有能力，「一匹憤怒的狼」仍是難以駕馭的。

### 事例介紹

服務於H信用金庫總社一樓顧客服務台的J，脾氣暴躁，容易發火。通常，急躁而無耐性的職員是不會派到詢問櫃檯的，但是，J的工作是負責處理顧客不滿的投訴。事實上，為了鍛鍊J上司才特意分派至此一工作崗位。

J在此之前擔任內部事務的工作，但只要稍有計算不脗合就敲計算機、發出大聲，惹得四周的職員一陣白眼。因此，為了治療他莽撞衝動的毛病，上司讓他坐在負責客戶投訴的櫃檯，處理大大小小的案件，這是需要忍耐才能勝任的工作。縱令是暴躁易怒，也不可以對顧客大人說：「請任意而為」或「顧客不對喔」。

在分社所發生的差錯，顧客也會帶到總社來投訴不滿。不過，若要說是什麼樣的不滿，則淨是一些在支店無法得到解決，久未結案的牢騷、抱怨源源而至。由於是困難的工作，按理說應該分派資深人員。有鑑於此，在公司裡設置作為後盾的資深人員，監督新人，協助新人解決問題。

藉由語言提醒而改正易怒毛病的方法，很耗費時間。要在短時間之內矯正過來，最好是具有絕對無法隨便發怒的部門，安排部屬不得慌張失措去就任。如果部屬學會了忍耐，那麼只要讓其再回到原來的職場即可。如果公司有業務方面的工作，那讓其從事業務工作也很好。因為，易怒的毛病絕對不會使人成功。一個做事馬虎草率、性急躁進的人，很容易在慌忙之中鑄成大錯，造成難以彌補的損失。

## 解說

要改正部屬暴躁易怒的性格，強迫的手法是最好的。做事虎頭蛇尾、半途而廢的人，即使表面上似乎正在改正做法，只要一有某種挫折、打擊，就會立刻恢復本來的面目。暴躁易怒並不能藉由不徹底的方法根治，必須以徹底的方法貫徹始終，否則仍會姑息養奸。

J的上司完全明瞭這一點。心想：觀察部屬的情況，如果怎麼也無法作根本上的治療，將來就會留下禍根，因此藉由一句：「J先生，從十月開始轉調到櫃檯口。」不容分說地讓他埋首工作，沒有拒絕的餘地。

來總公司櫃檯的客戶投訴股吐苦水的客戶相當踴躍。因為大半的人都是因分公司處理不了才會說：「去總公司吧！在這裡無法得到解決！」所以，在總公司的櫃檯大吼大叫，痛罵櫃檯負責客戶的人員。實際上客戶本人誤解或疏失佔了八成以上，但如果說：「是客戶不對哪。」等等，那就有如火上添油一般，使局面更難以收拾。

J從第一天起就被數位客戶痛揍了一頓。雖然面紅耳赤地盡心回答問題，但因為是新人乍到，所以也有一些也不知該如何是好的案件。這些案件都由作為後盾的資深人員協助，加以處理了。在每天如此反覆著的應對之中，他逐漸能靜靜聆聽客戶的辯解，冷靜地應付，對他非常擔心的上司，看過他的處理方式之後，也大為放心了。

在現實問題上，因為總公司是最後的「城堡」，所以處理這些案件可說是背水一戰，絕不許失敗。即使對上司來說，將J帶到分公司來，也是下了重大決心。

為何至此地步才想要改正J暴躁易怒的脾氣呢？這是因為，如果撇開J急性子不談，那麼，他的工作情況非常優秀。也因為在同期的新人之中，他格外光采奪目、鋒芒畢露，被期待為將來的幹部候補人選。

那麼，一般而言，對急性子的職員只要給予他們需有耐性的工作即可，並且給予樸實、無論怎麼努力去做也不引人矚目的工作。譬如傳票的整理、負責地下室警衛的人員或停車場的工作等。諸如此類的工作，如果沒有耐性就無法持續下去。而且，公司的工作就是一點一滴不斷累積瑣碎的事情，是樸實無華的東西。這一點應讓其領悟。

另一項是人際關係，暴躁易怒的人動不動就容易與人爭吵，在會議等場合會攻擊反對自己意見的人，絕不妥協。然而，脾氣火爆的人容易孤立起來，因此，上司偶而也應生氣給這種人看，讓其知所警惕。「你不知道『急躁就是吃虧』這句話嗎？會因這問題而無法陞遷上去喲。性急的人卻出人頭地的例子，在我們公司可沒有過！」諸如此類的話，或許可以一棒打醒性急、暴躁的部屬。

## 敎訓32　客氣謙虛永遠改不了部屬的急躁，應該強迫改正！

## 改造悲觀類型的方法

從小就勞苦成長的職員，有時開朗性不夠，凡事都看得很悲觀。開朗的人，周遭會不斷地聚集人群，自然而然地以此人為中心。然而，陰鬱的人其四周不會聚集人群。將來，擁有部屬而進行組織經營時，也會作為一個不受部屬歡迎的上司。

公司的工作是複雜且困難的，認為輕鬆容易的工作並不存在，才是觀念正確的人。因此，無論遭逢什麼樣的困境，也有必要告訴自己：「好，這一件絕對要好好處理給人瞧瞧！」「一定會順利圓滿的。」「因這一點兒事就頹唐沮喪那怎行？」等等，開朗地迎向挑戰。否則，就不會湧生氣魄，沒有決心達成目標。

但是，悲觀論者在做事之前起就一直嘀咕說：「這麼困難的工作，沒有成功的道理。」「以往雖很無能，但今後也萬萬辦不到呀！」等等，不僅是自己，就連他人也產生陰鬱的心情。

在新進職員之中，如有這種性格的人存在，非得從根本上改變其想法、觀念不可。否則，新人就會因憂鬱症或心身症等因素，遲早會退出職場，無法工作，在公司裡連可以信賴的朋友也交不上。為了不致於此，必須及早採取必要措施。

進入M農藥品工業公司工作的S，被賦予巡迴於交易客戶之高爾夫球場的工作。向來，高爾夫球場就大量使用除草劑、殺蟲劑及驅除噬食松樹之蟲子等藥品的大顧客。就連M公司，商品的三分之一都以高爾夫球場為銷售對象。

S成為千葉地區的負責人。他立刻到經理人協會會長、T高爾夫俱樂部總經理那兒打招呼致意。但是，因此而被總經理告知非常重要的事實。

「S先生，從今以後受制於居民的力量，高爾夫球場再也不能使用農藥了。至少今後建立的高爾夫球場，百分之百不用農藥，因為這樣的誓約書已送進縣政府了，不能不遵守。我們俱樂部雖因早就存在了，多少被允許使用，但每一球場都不再用了呢。」

真是出乎意外、毫無辦法的事情。S不堪一擊而敗陣下來。他似乎正認真地考慮改行。因此，上司先給他打氣說：「別擔心！高爾夫球場不應該會突然不使用農業呀！如果真有此事，那麼草坪會雜草叢生，不能保有原來樣子。不要緊的。」

如果眼前不可知的事情都要一件一件地擔心，那麼人在這個世界就無法活下去。然而，悲觀的人，都有悲觀的傾向，將所有人、事、物看得很灰暗，看不到未來美好的遠景。對這樣的部屬，應教導他們不管什麼樣的事情都有光明的一面。上司甚至要諄諄教誨部屬，叮囑他們樂觀一些，即使到了嘮嘮叨叨的程度，也要教導好部屬。

英國某一家鞋廠派遣兩名業務員到南洋的島嶼。過了不久，兩人打電報回總公司。其內容如下：

A：「很絕望，沒有任何一個人穿鞋子。沒有賣出的道理。」

B：「萬幸！沒有任何一個人穿鞋子。立刻寄五萬雙來。」

即使對部屬吩咐：只要提高聲調、開朗地看待事情即可，別悲觀！但這並不表示能輕易地改變性格，性格的改變並不容易。因此，試著提出此舉例性的話，質問一下看看：「你判定A和B哪一個會成功？」A看待事情很灰暗，B則較開朗，總是看到光明的一面。兩人的觀念不同，由此可充分瞭解到：最後的結果必成天壤之別，成就大大不同。

要改造悲觀職員的性格，具體上有三個方法：

一是，跟隨開朗樂觀的前輩學習。「近朱則赤、近墨則黑」，一定會受到良好影響。不過，如果跟隨不投緣的前輩，就會過度陰鬱，操心一些無謂的問題，所以應多加注意。

二是，使用上述舉例性的質問，用實際的例子讓部屬自己去思考。比起無數遍的說教，一個例子具有說服力，讓部屬恍然大悟：「原來如此」！

三是，雖稍微嚴苛但要迅速將部屬推落無底深淵，永久不能翻身，讓他很快地悲觀起來。然後，在認為部屬已受不了、想要放棄的最後關鍵階段，伸出援手給予協助：「沒問題吧？」當部屬徹底痛苦之際，只要一伸出援手他就如溺水者攀附水草求援之心，對援助者產生無比的信任，因此而坦率真誠地聆聽上司的教誨，效果卓越。

儘管如此，仍有無能的傢伙存在著。對這樣的人，要讓其穿著華麗氣派的服裝，在早會上發言，帶他至卡拉ＯＫ去、讓其擔任會議的主持人……。

總而言之，讓他處於別人矚目的境地。悲觀的人想隱藏在人們背後，因此，應引領他站到大衆面前。悲觀的類型都會杞人憂天、自尋苦惱，不過，公司的工作免不了有前景難以預料的危險，有時就像正著炸彈一樣，不知何時會爆炸。因此，嘮嘮叨叨地自言自語「大概沒問題吧？」等，而庸人自擾，完全沒有發展性，真正毫無成就。

三得利威士忌酒的創辦人鳥井董事長有一句格言流傳於公司，那就是「幹吧，一切將迎刃而解！」他一向對員工說：「要不怕失敗地幹！」因為悲觀的人會過度、無謂地怕東怕西，所以上司可以說：「責任由我來負！」用力拍其肩膀，給予鼓勵，讓他大膽地放手去做，沒有後顧之憂。

## 教訓33　對悲觀的類型，應該不斷引領他至明亮的場所面對衆人！

## 對唯唯諾諾的職員培植其自發性

不具有自己的意見，經常只想遵循大多數人的腳步，毫而無氣魄的職員是存在的。新人階段即使如此也無所謂，但如交付其一定的職務，就必須注意可能對公司散播毒害的危險人物。這樣的職員，有必要從新人階段就先痛下決心重新矯正，促其洗心革面。所謂的「打鐵要趁熱」，即是這個道理。

人與人較勁的意識原本就很強烈，只要比別人超前，就會顯出樹大招風的情況，處處招人忌怨。而如比別人落後，則笨拙得成為一個無聲無息的人，大氣也不敢喘一下。因此，一直盯視著工作的整個流程，想要遵從衆人的腳步，不敢公開表示自己的意見。

不，也有一開始就有自己的意見。這樣的人，一旦某天突被捲入潮流而隨波逐流，就會搖身一變，站在最前頭，歡愉地繞來繞去，令人毫無辦法應付，眞是個難纏人物。如此奸詐狡猾的部屬若是存在著，則上司應詰問部屬：「你認為如何？」「請說自己的意見。」等，引導其提出自己的想法。不可容許這樣的人隱藏在人們背後，必須經常表現出「唯唯諾諾是絕對不能原諒」的態度。這種類型以謹慎者及沒有責任感居多，面對別人的意見照單全收的性格，對公司而言，無非是個不利的「負數」。

## 事例介紹

Y樂器製造公司的M，負責針對電子琴教室的電子琴銷售及維修保養。因為他一向負責全日本的音樂教室業務，所以一個月都回不了總公司幾次，幾乎都在外面奔波。

在Y公司，每月第三個星期舉行一次全體會議，進行彼此的情報交換。有二十位銷售負責人及三位上司出席參與。在會議上，依照現場的反省意見，互相討論今後應如何提升更高的銷售業績。

每個人分別報告所負責之音樂教室狀況，雖有人會提出「若如此做那不是更好嗎？」的意見，但M聆聽大家的意見，只說不得罪人、不刺耳的好聽話。上司對M提醒說：「你認為應如何做才好呢？請說自己的意見。」雖然並非意味著只有M未明確地說出意見，但因為他的傾向最為強烈，所以被指定表達意見。

凡是這種類型的人本身有著「自己很可愛，希望不至於被衆人所嫌惡」的心情。雖然任何人多多少少都有這樣的心情，但對公司而言，過於極端，從不表達意見的人，是一個十分嚴重的不利因素，成為負數。

M如此的性格尚未改正。由於性格並非可以立刻改正的，所以也拿他沒辦法……。

## 解　說

部屬有形形色色的性格，實際上最感棘手的即是這種類型。若說得極端一點，要百分之百改正這種性格類型，是不可能辦到的。因為在這種人的身上，凝聚了如一般人的「智慧」。上司如果提醒了，他們雖採取積極的言行舉止，但畢竟仍只是表面上的動作而已，內在絲毫沒有改變。

M在上司提醒時雖不得不積極發言，但又不知不覺地恢復原先的木頭人，不喜歡說話。該怎麼辦才好呢？

首先，有唯唯諾諾性格的人害怕「被上司盯上不就無法出人頭地了」的心情最為強烈。因此，針對像M這樣的職員說道：

「M先生，害怕被人討厭，或對自己所說的話過度慎重的部屬，我一定不重用。你似乎太顧慮我怎麼看你了。至少我完全不是如此。即使與我意見完全相反地，但能堂堂皇皇地發言的人，我很重視的。」上司在M面前明白地說明。

如上所述，他就明瞭：「是嗎，公司是如此的地方嗎？」而突然開始不停地說自己意見的人，顯然存在著。儘管如此，仍有一些無能、不堪造就的庸才，其中有大半是即使在尚未付諸行動之前，也不能變得自由大膽，無所顧忌的去發言。

成為資深職員就不說真心話，反而因為深深瞭解自己被上司盯上、嚴加觀察而毫不客氣地發表意見，儘量表現。其中，也出現有勇氣的人，到了能反駁全體人員的意見而安然走出房間。

那麼，只是提醒、警告並不能改正新人。因此，應安排他們在會議等場合暢所欲言。譬如詢問道：「〇〇，你認為如何？說說看！」否則，這種職員大都只會默默地坐在一旁。

並不僅限於會議，有人在非得以新點子去做事不可之時，也想因循以往的做法，絕不冒險，一被前輩說：「像〇〇那樣做就是了！」就立刻回答：「是！」即使自己覺得「真想像〇〇那樣做」，也一口氣接受，顯得忍氣吞聲而無可奈何，對上司的指示是百分之百地遵從。不管上司的指示、命令合理與否，都全盤接受，不敢有所違抗。

總而言之，唯命是從的部屬無論在什麼地方都刻板守舊，沒有新的點子，只是一味地因循前人的腳步，苟且度日。

若稍加思考就可以像坦率直爽的優秀職員那樣，但這並不表示沒有問題了，對上司的命令唯命是從的部屬，仍沒有自己的意見，仍是沒有自主性、毫無希望的部屬。

## 教訓34　不要作指示，讓部屬自己去思考，讓部屬陳述「自己的意見」

## 催促保持「自我中心」型職員的方法

最近，年輕人因為在物質充裕、生活豐富的時代，想要的東西一切都可以得手，所以有了「不必辛辛苦苦、忙忙碌碌工作」的想法，人生觀也是一樣，認為比起出人頭地、功成名就，享受自己的生活來得更為重要。也有一種心態是「工作如果很厭惡那麼辭職也無所謂」。從上司的觀點來看，總覺得這實在是不易應付的難纏人物。

雖然對這樣如薪水小偷的職員只要立即開除即可，但在不是那麼容易做得到的時候，卻有著管理者的辛酸及苦楚，重新矯正如此的職員，可能的話，讓其進入自衛隊學習體驗一番，或者委託給申斥規戒的機關，實施二十天的特訓研修。儘管是短期的研修，不致變得像是另一個人，至少應該接受點刺激才回到公司來。

公司裡有我行我素、自我中心的職員，甚至會影響有幹勁的職員。因此，要說給他們聽：「如果沒有幹勁，那麼辭職怎麼樣？這樣的人我們公司並不需要喲！」如此一針見血、一語道破使其醒悟，上司應肆無忌憚說出這些話，不必畏首畏尾。毫無必要擔心部屬是否即刻辭職？縱令其說出辭職的話，對公司來說仍是無關痛癢的小事，大可放心。

服務於S百貨公司的O，雖是新進職員，但年事稍高。他雖曾服務於Y水道工業所一年，但厭惡那份工作，便辭職轉行到百貨業界，他最後是以被上司苛待、自動辭職的形式離開公司，其實是不得不辭職，逃出公司的。

進入S百貨公司後，約三個月左右雖因新的工作而鼓起精神工作，按照前人的慣例，不斷工作著。二月份對百貨公司來說是賺錢的旺季，此時竟然請帶薪休假；不遵從上司的指示、不做賦予的工作，堅持絕不打破自己的原則，一切以自己的意志為依歸。

反覆再三地改變公司政策的人，往往以討厭鬼者居多，而O也不例外，他常搞得整個公司團團轉，甚至讓別人來配合他。「自我中心」，雖很有個性，但實際情況卻是一個自定原則、死守原則的懶惰鬼，不願接受新的觀念，在工作上固步自封，不追求成長。這樣的人，對別人也會說：「大家這麼努力工作又如何？還不是為人作嫁，為人賺錢？一旦到了緊要關頭公司就不給予照顧、援助，根本不管我們的死活，我們又何必為公司賣命，拼死拼活的，卻只落得被一腳踢開的下場？」

如此拼命地給同事洗腦，帶來不良影響。腐敗的蘋果只要一放入一個箱子裡，周圍的蘋果也會逐漸地腐敗。O也正成為公司裡的害群之馬，俗語說「一粒屎壞了一鍋粥」，他的行徑著實令上司頭痛不已。

## 解說

上司對○採取如下的應對措施。

首先，除了已固定的工作以外，也不停地給予其他額外的工作。如果稍有空閒，就拜託待在同一樓層的保安課長：「請讓○幫忙停車場的警衛工作。」讓○擔任助手，讓他在寬闊的地下停車場整頓交通。這個工作一向僱用專門的警衛，基本上職員是不涉入其中的，但上司特意讓○去做，重新矯正其本性。

這種做法是正確的。因為，促使部屬忙碌萬分而無法偷懶怠工，成為指導像○這樣的職員的重要因素。另外，對自我中心、堅守原則的人，如其有任何意見，只要讓他從事清洗抹布的工作即可。原因是，這樣的工作勢必無法以自我原則去妥善處理完畢，也特別要有體力、氣力、集中力。因為，車子的整理工作一旦偷工減料稍有疏漏，關係著交通事故至鉅，絕不可大意，所以有一些無形的辛勞，做起來並不輕鬆，這種公事不能交給自我中心型的人，他們只限於做一些輕鬆、簡單的工作。

○最後會產生什麼樣的結果呢?還不得而知。他最初一直嘮叨不休地說：「居然有這麼用人的粗野公司……」但他似乎已領悟了數度轉業的負面影響，深知不斷改行的不利因素，正忍耐著努力做工作。對自我中心型的職員最要不得的是假裝視若無睹，應該像○的上司，不停地交給部屬去做。剛開始或許會採取彆扭嘔氣、嘮叨不平或等閒置之的態度，但是，應漫不經心地讓部屬做二倍於別人的工作。如果部屬推託說：「沒有時間……」那就拒絕說：

「即使加班也要做完！請看看周遭的人，不都拼了命在工作嗎？」

最行不通的是嬌寵溺愛部屬。對難以應付的職員，不應一味地疏遠躲避他們，只傾向有幹勁的職員，為他們遮蓋醜事，掩護弊端。一旦如此，就會被其他的職員所埋怨：「我們的課長真現實，不喜歡難纏、令人頭痛的人，喜歡有智慧、有才幹的人，只會不停地交給這一類人工作。我們的課變成正直者所蔑視、不屑的課，正正經經做事的人，反而在一旁坐冷板凳，不受青睞，永無受重用的一日……」日積月累下來，不滿就鬱積在心中，無法紓解排除。毋寧說，對自我中心型的職員應大聲申斥一番：「你究竟堅持什麼？工作的心態是什麼？不要如此散漫，振作精神吧！」才能使其整個人繃緊神經不敢懈怠。

如果敢斗膽地叱責，那麼，最好有一個左右這種類型的職員，作為上司教訓部屬的對象，這雖是一種似是而非的說法，是以反言譏諷去刺激部屬，使其醒悟，但也是一種警惕其他職員的手法，往往能使所有職員精神飽滿，不敢怠忽職守，頗能達到懲戒的效果，儘管是稍微粗暴的做法，但並無傷大雅，不必太在乎。

身為上司者，可不能顧忌太多，不敢放手去做。

## 教訓35　在叱責之前給予堆積如山的工作，攪亂部屬的自我原則！

## 使神經質類型的神經變粗

神經質的人非常多，因此，管理者必須熟知對待他們的方法。神經質的性格有正面及負面兩面。以正面而言，工作縝密慎重，失敗的機會較少，經常留神四周的狀況，時時警惕自己，為了希望被人所喜愛，仔細聆聽上司所說的話，按照吩咐去做，與同事相處和諧融洽，對待客戶圓融、周到。作為一個公司職員，可說是卓越出色的性格。

相反地，說到負面，即使有剃刀的敏銳度卻無厚刀刃的強烈性，受到打擊就軟弱下來，因為一點點痲煩就不堪一擊，難以委任重要的工作等。儘管擔任管理者，多半是經過相當的鍛鍊才成功的。

有如此性格的職員該如何去應付才好呢?

一是，連續不斷地讓其做事，讓其累積成功的經驗，藉此而磨練其性格。只要擁有許多成功經驗，那麼，連痲煩也能擺脫。

二是，為了讓部屬具有較粗的神經、放鬆心情、不拘小節，應使其改變人生觀。讓其打坐或特意讓其做困難的工作，使他失敗幾次，使他對失敗毫不在意。

## 事例介紹

服務於Ｎ汽車租賃公司的Ｊ，是一個認真努力的職員，不過他稍微過於認真了。所謂的汽車租賃業務，是非常繁瑣費神的，駕駛證照的確認，出勤處的確認，進而車種的分派、整備，萬一發生事故時的連絡、處理，打電話給保險公司、明瞭有無人員受傷，車子毀損時的交涉談判等等。

他被分派至車站前的分公司，只有四、五個職員，非常忙碌。Ｊ服務於所澤分公司之後，每天都像斷了氣一般，忙碌至極。

Ｊ君雖根據分公司經理的指示去執行工作，但因為可以百分之百關懷顧客，所以善於與顧客的應對，人緣頗高。然而，他也有負面性格。工作如順利圓滿進行時，一切沒什麼大問題，但一旦發生麻煩的問題，那就一變而為焦急慌張，亂了手腳。

處理車子的工作難免有糾紛。因為每天都要經手處理數十多輛的租賃汽車，所以發生交通事故也是無可奈何的，然而，Ｊ只要一接到車禍的連絡電話時就張惶地奔出，導致局面混亂，毫無頭緒。非得冷靜下來不可的時候，卻漲紅了臉不能沈住氣的專心工作。

上司為了要磨練這負面性格，應逐漸將以往自己所做的糾紛處理交給Ｊ，讓他累積經驗，熟諳處理問題的程序、方法。如此一來便可以讓他增加強韌的精神力量，沈著面對問題，不慌亂、不惶恐，循著一定的模式一一解決。

## 解說

上司總認為激勵部屬去工作，是一般常識，不需懷疑，但其實這種想法有很大的陷阱。因為，如過度給予激勵，有時反成過度保護。

因為分公司經理很明瞭J神經質的性格，所以極其困難的工作都自己處理。但是，經理也明瞭，J總覺得萬一經理休假，發生了麻煩，他就完全做不了事。

不過，由於他仍是新手，因此對他能按步就班地加以處理，並未抱著太高的期待，儘管如此，他一發生麻煩時就驚慌，身為汽車租賃業者應做的工作都完全中止了。因此，無法委任他留守公司的工作。雖然其他的職員都在，但因為每個人都做著各自的工作，甚至連其他的問題也處理不了。

因此，分公司經理認為這個負面性格對J的將來是不幸的，作出指示說：「J先生，最後的責任全部由我擔負，從今天起，一點點的麻煩全都要交給你處理！」以後即使是上司心想：「這件事要如何做？」而拿不定主意時，也委任給J，任憑其處理。因為突然接到任務，且從未經驗過，所以與顧客之間發生了各種衝突及爭執，讓他憤怒不已，雖然分公司有時也蒙受不必要的損失，但為了磨練J，任何小事都忍耐下來了。

即使讓他累積經驗，神經質的一面仍未見消失，但是，很顯然地他因芝麻小事而驚慌的毛病卻改善了。由此明瞭：J已逐漸可以冷靜地應付問題。

神經質的人如具備了堅強的韌性，就會成為一個發揮兩方面的正面功效、極其優秀的職員。從生理學的觀點來看，反之，讓不具有神經質的職員具有後天性的纖細神經，那是不可能的。如此一來，如果一個職員被好好地栽培，那麼，就很有可能將神經質的人培養成為優秀的職員。也就是說，神經質有時也是一項優點，只要善加利用，訓練成為心思縝密、考慮周延的職員，就大大地有助於工作上的發展。除了容易張惶失措、緊張兮兮的毛病之外，神經質並無太大缺點。

因此，即使認為某個職員：「總覺得他心思過於纖細，想東想西的，實在靠不住，不像粗線條的人開朗、積極。」但忍耐著而培養其堅強的韌性，畢竟是上司應付神經質的職員時所應具備的態度。儘管是神經質，卻毫無不適合他們的工作，無論什麼樣的工作都可以讓他們去做。

況且，從歷史上也可以印證：完成偉大的工作、成為背負社會重任而昂然挺立的優秀人物們，都出人意料地神經纖細、心思縝密，凡事都考慮周延，面面俱到。

## 教訓 36　上司要給部屬除去後顧之憂，讓其累積經驗！

## 彆扭類型的養成全憑上司的教育

儘管是年輕的職員，但凡事都說「是、是」聆聽上司所說的話並不在此限。由於一向成長環境的關係，也有不夠坦率的人。因此，如果要說這種職員是否無用，那就不能一概而論了。

從上司的觀點來看，不說「是」、「好」的職員是難以使喚的。然而，不說「是」、「好」的人，多半是因為以自主性作後盾，認為「如果是自己就會這麽做」。要改掉這一點是很費事的。這樣的職員，給予他們重要的工作時，有時會得到非常大的成功，因此，必須忍受而任用他們。將他們免職、解僱是很可惜的。

年輕卻叛逆的職員生氣蓬勃、活力充沛。但另一方面，因為坦率直爽的職員看起來天真無邪，很惹人疼愛，所以常會不知不覺地嬌寵溺愛他們。

這是不對的，只是坦率爽朗而自主性的職員，將來當上主管人員時，便無法得心應手、掌握自如地使喚非坦率爽朗類型的職員。

總而言之，只要並非凡事都反抗的類型，慢慢地培養他們，絕對不扼殺他們的能力，成為上司的必要心態。

**事例介紹**

進入F警察局服務的T，高中畢業之後經過警察學校的訓練而進警界來。

他很年輕，擁有一張仍保有少年般天真浪漫的臉孔，顯得幼稚而孩子氣。

他雖被分派至交通課，但課長預料到T孩子氣略帶目中無人，於是認定要讓他去做取締管區內違反停車規定的工作。最近，國家的方針也是大力取締，所以在取締違規上也毫不留情。局長指示他按照規定去做。課長對包括女警官在內的全體警員大聲呼籲，將國家方針說明給大家聽，在早會上也再次互相確認。

取締的工作是兩人編成一組，因為，一個人獨力進行會有各種困難的地方。T雖一向與早三年入行的前輩S編在同一組，但怎麼也合不來。T認為，無論如何苦口婆心地說明規定，是否應在某種程度上聽一聽違規者的辯解，違規反而會比較減少？也就是說，他認為藉著指導的方式對方應會因此而自我反省。這的確是年輕人的柔性想法，有彈性而不僵化。

然而，S很頑固，他說應該按照規定實施取締，不聽辯解。因此，糾紛接連不斷。哪一個人才正確的呢？雖要判斷極為困難，但無論如何S向課長提出了要求：「T不按照課長的指示行事，請撤除他。」

在一般的民間公司，也常有與編在同一組的對象不和睦、合不來的情形。每一個機關、部門都會有一些頑固份子，他們腦筋死板，不知變通，常會鬧彆扭，同事與他們便無法和諧相處，製造融洽的氣氛，上司應多開導他們。

## 解說

這個案例有著非常困難的問題，因為，兩人的判斷都可以說是正確的。對上司而言，必須判定哪一個才正確，是最頭痛的。然而，像相撲的裁判那樣，縱令判定很困難，卻不可以不作出結論。

課長姑且判定S是對的。他將兩人叫到課長的座位來，提醒T說：

「T，一般的企業和警察是不同的。即使是有什麼想說的話，規則還是規則。必須照S所說的去做。」

一向勁頭十足、熱情有加的T，也對課長頂嘴說：「雖瞭解規則，但我的朋友都說：『只是程度很輕微的違規，可以放了我，但竟被抓住不放，你們該不是為了多拿一些考績而取締的吧？』我覺得非常遺憾。根據狀況而判斷不是反而較能使對方反省嗎？」

通常，愈是年輕、經驗尚淺的警員愈能按照規定實施取締，但T卻與衆不同，顯得特立獨行。課長對T深感興趣，因此，暫且對身為前輩的S說：「你離席好嗎？」接著就柔和地指示T：「你雖比較年輕，能彈性地判斷事物，但必須姑且考量清楚『規則就是規則』。不過，今後就不是和S編成一組，而是和A編成一組，請試著做做看。」

課長瞭解T的與衆不同，因此按照他的個性去教導他，讓他改與合得來的A編成一組，以避免不必要的爭執。

A是課長一直想要栽培為大將之材的心腹，也是課長的得力助手。他對A仔細地囑咐一番：「T因為比較年輕，是本性上對自己的想法不讓步的傢伙。所以我認為，只要不拐彎抹角地培養，就可以成為一位好警官。」讓他和T編成一組。

A經驗豐富、性格大方、對新人的照料也很細心，如果讓A和S編成一組，課長確信，他將會幫局裡培養淘氣又頑冥的T。

正如這個例子一樣，不扼殺有為的人材，能重視珍惜地培養人材的上司，為數極少。人材往往被評價為C級：「沒有可愛的感覺」、「不夠天真純樸」、「無用的傢伙」、「不夠坦率爽朗」，而被驅離陞遷的管道，永無出頭的一日。事實上，上司雖也有因沒有實力而無法人盡其材的一面，但果真如此就太無情、太不仁慈了。

因此，則應試著分析不夠坦率爽朗的原因。如果凡事都反抗，那就有必要徹底從頭矯正本性，改造部屬。因為，縱令部屬前途看好，一旦讓其放手去做，而任其發展，就會過於得意忘形。然而，對對方認真地檢討過多次想法的結果加以反駁，不斷提出自我主張的職員，不可以壓抑其想法。這種職員，會有所成長，一展長才，發揮潛能。

**教訓37　不動怒、要忍耐。慢慢地培養是很重要的原則！**

## 優哉游哉類型是必須注意的人物

有一種人，從容不迫、優哉游哉，凡事都不著急，人們都說很優秀或很樂觀，每一個人都很喜愛，雖想要出人頭地並不意味著應貪婪地工作著，但也不表示在工作上是無能的，而是恰如其份地成長，可以培養這種類型的人，成為中堅層級的職員。因為，從上司看來，這種人無可也無不可，乍見之下可不必費心勞神去培養。

企業的目的應追求利益，而且，在不景氣時還能使每一個人的能力發揮至最大限度，也是管理者的任務。因此，必須喋喋不休地責難這種吊兒啷噹類型的人，揍他們的屁股，督促他們前進，將他們當作戰力來使喚，否則他們永遠都是無用之材。

藉口說：「性格如此，真拿他沒辦法！」往後主管就不會努力教育他們。前面也敘述過，性格是與生俱來的，所以無法改正，但藉由教育仍可作某種程度的改變。而且，對這種類型的人，不必依靠任何事情，只要定期間讓其完成即可，譬如說：「請你在〇日之前完成。」、「注意在×點之前趕上時間。」不可以作曖昧的指示，譬如說：「請儘快完成。」應讓他不斷地忙碌著，熟悉公司生活的速度、步調。

**事例介紹**

進入R縫紉機工業公司的T，在文科大學畢業，只經過一個月的研修之後就分派到業務部。文科的大學畢業有八成是就職於業務有關的工作。因為T天生就優哉游哉，蠻不在乎，儘管是業務的工作，他一點也不緊張。

在負責行銷的業務課裡，包括T共有四十名業務人員。儘管是銷售商品，但並非公關人員。他的工作是，巡迴於各地委託銷售的特約店、代理店，協助店家促銷，接受售後服務的諮詢，接受商品追加進貨的請託。T逐漸習慣於如此的巡迴店家工作，但總覺得所負責的店家全部的銷售額比起其他的業務人員實在太低了，儘管T以往沒有這麼遜色過。

銷售額降低不能說全都是負責人的責任，但一概由其承擔業績，且所有的經銷店的銷售額都下降，多半是負責人的責任問題。課長對T柔和地提醒道：「總覺得你對所負責店家的來往方式似乎太理想化了，得再加把勁激勵一下才行呀！」

然而，T對如此甜言蜜語般的體己話並不在意，只當作耳邊風。有一天課長將優哉游哉慣了的T叫到單獨的個人房間來，大聲申斥了他一番：「別想得太天真、太樂觀，別撒嬌耍賴！你究竟以為公司是什麼東西啊？你這個吃閒飯的傢伙，專門來偷公司的薪水，天下哪有不勞而獲的事情？」課長一邊嚷嚷一邊將桌上的菸灰缸摔到地上，又將椅子踢到一旁，憤然離去。總而言之，課長鼓起勇氣用勁點醒T，他用心良苦地以激烈方式怒罵T，目的即是要他調整工作的態度、方式。

閒散自在、不拘小節的性格，對人而言，在精神上非常理想，是最長壽的類型。

T的情形，其實在課長強行他突破業績之前，雖已反覆不斷地激勵他說：「請更振作精神，再去店家！」「是不是要輸給同期進公司的人？」但絲毫沒有效果。

## 解說

結果，課長覺悟到對這種優哉游哉、蠻不在乎的人，利用普通的指導方法是無效的，應採取怒罵、威嚇的作戰策略。即是使T一被課長以魔鬼般的形象大聲叱責，他究竟會振作精神，激勵自己重新出發嗎？T雖然百分之百地令人滿意，且未立刻出現若干的錯誤，但畢竟還是不斷地出錯。

課長一向認為，至少必須對T做同樣的事情三次左右才行。不過，在大家都在場的時候就不要罵他，不在衆人面前做。其理由有兩個：一是，那樣會使T蒙羞，感到很糗。課長的意思並不是特別為了讓T丟臉、出醜，才去扮可怕的黑臉上司；另一個則是因為，一旦讓其他敏銳多心的職員看見自己用下流話罵人的一面，就很有可能被他們瞧不起自己的人格，被批評說：「什麼，我們的課長是卑鄙下流的，真是怎麼也想不到！」

基於以上的理由，課長並不想讓部屬誤解他、蔑視他，枉費自己的一片苦心，所以從不在衆人面前怒罵T。

因此，他準備在大家不在場的地方私下指導，每次只對他一人個別訓話。

不過，有優哉游哉、蠻不在乎的職員也並不是壞事。舉例而言，當課裡職員關係不和睦、氣氛不融洽時，這種類型的人就會作為中立派，為上司完成調停的任務。有時，也會擔任中間人的角色，為課長完成其非做不可的交涉、應酬，而這份工作的勝任與否，並無關乎進公司的年資。本人並不太考慮「新手不可以做僭越上司的事情」的問題，因此，他們可以完成如此的角色任務。

然而，在帶給周遭安心感的同時，大家紛紛不滿了，因為上司常說：「有了T那個傢伙真省事，幫了我不少忙。」結果大家變成低層次工作的人選，好的工作都沒份，所以造成公司不良影響的也是自由自在類型的人。若要說公司的工作是什麼?那可以說苦差事佔了八成左右。當有想要逃到某個地方的心境時，一旦擁有不受拘束的職員，就有如上述情形一般。上司縱令威嚇他們：「我不容許這樣的事！」也是起不了作用。

因此，如果從管理者的立場來看，悠閒自在類型的人應該被視為拖拉全體人員的腳步，延緩整個公司運作的「不良份子」，在工作上是有沒太大助益的無用職員。

**教訓38　對悠閒自在的職員要經常要求其效率，有時則應該痛罵一頓！**

## 教導不語世故類型社會的萬象

凡事都積極向前、充滿企圖心地投入雖很好，但新人之中也有一種裝作自己全部都懂的模樣，努力工作的人。這種類型的職員，以畢業於著名大學者居多。他們是被父母及周遭的人溺愛著，被捧在手上長大，而且學生時代頭腦也真正很好，每年都拿到一到五名以內的人。大家都認為他們終將當上董事或總經理，而本人也自信滿滿。

這樣的新進人員若進公司來成為你的部屬，那該怎麼辦呢？

無論是什麼樣的場合，與自信過剩、驕傲自大的人物為對象周旋過招，都是費勁的苦差事。縱令這個人是部屬。因為無論如何都對自己的判斷充滿自信，所以也不太聆聽上司的話。也就是說，在新人之中最不容易教育、培養的類型，即是過於自信的人，上司應避免他們變成沒見過世面卻自以為閱歷豐富的人。

對如此自信過剩的秀才型職員，有一件事必要讓其銘刻於心：學校與公司的評價基準是完全不同的，只要一次讓他「刻骨銘心」即可，這件事也必須儘快採取行動。因為，愈是遲緩延誤，他們就愈來愈不可一世，變成令人討厭、難以接近的人。

## 事例介紹

進入S會計師事務所工作的M，畢業於T大經濟學系。他從日本大學的最高學府畢業，按理說可以進入任何一個大企業工作，儘管如此，為了將來取得合格會計師的資格，他帶著修行般的心情進入S事務所。

M提高嗓子大聲說：「反正我自己很獨立，會計師資格一到三年就可以輕易地取得。」儘管他聽從所長的話，但與其他同事平日都不說話，從未好好交談過。上司交付的工作，他很快地做完，連上班的期間，也在準備功課迎接資格考試。

因此，周遭的人都極不痛快，心生反感。於是，所長想了一個辦法，就是讓他去做S事務所的客戶裡最囉嗦煩人的X工業所的工作。對方的總經理，是每個負責的會計師都討厭的人，他囉嗦得令人想要逃開。所以，他心想一定要讓他負責這家客戶的工作。

自信滿滿的M，吹著口哨去就任，從事他該負責的工作。然而，情況變得愈來愈不妙，令他不解。他被X工業所的總經理大聲叱責了：「你這個自大高傲的傢伙，我知道你是從T大畢業的，但不知你這號人物居然可以畢業，社會並不是那麼美好，你想得太天真、太樂觀了，你算什麼東西，根本不配在這裡和我說話，請你出去照照鏡子！」

所長早知會有這個結果，絲毫也不驚訝，但M卻不堪一擊，受不了而垮下來。由此可知，他以往從未有被如此痛罵過的經驗，對如此情況完全不知如何應付，也不知如何處理，於是以往十足的自信被打垮了，使他懷疑自己的能力。

## 解說

要鍛鍊自信過度的職員，只要利用外部的人即可。比起採取拙劣的措施，以這個方法來解決問題更為快速。一旦讓公司內部的人去做這件事，則會明顯傷害這種人的自尊心，儘管改正了，也會有過度的反彈。

M的情形，與其由所長自己去提醒他，不如將這個任務交給顧客。不過，即使讓X工業所的總經理大發雷霆，但他自己卻有往後能順從對方的自信，知道自己可以完全照對方的話去做。由於此次的教訓，M儘管有一陣子十分頹喪，但他迅速地自我反省，領悟到社會的可怕與學校的不同之處。往後也謙虛多了。結果，無論對其本人或事務所來說，都成為正面的人物，帶來有利的影響。

部屬如果連一點自信也沒有就不會成大器、有大成就，所以對上司來說，要判定部屬是否自信過剩是極其困難的問題，上司可不能抹殺部屬最後的一點自信，也不能扼殺有為的人才。不過，超過必要的過度自信會形成成長的重大障礙。要鑑定部屬是否有過度的自信，只要照如下方式即可。

①對周遭的人宣揚自己的能力（常說「這種程度的事情太簡單了。」之類的話）。

②想要教導或忠告上一級的人，以及忝不知恥地說：「那樣的事情早已瞭解。」

③即使萬一失敗了，也辯解說：「因為沒有注意，所以……」不坦白承認自己的錯誤，說「我失敗了」等等。

④採取蔑視周遭的人的態度。這時，縱令工作一直很順利圓滿，應該早晚都會出問題的，所在此之前應謀求勸諫的手段。

正如先前所說的，任用部門以外的從事業務競爭也很好。課長先對極為親近的客戶或相識的人請託說：「希望您磨練我們的新人。可是因為M稍微高傲了點，所以想要根治他的毛病，請給他一次文化衝擊好嗎？」總而言之，以業績競賽重重地打擊一次M，徹底指摘他的錯誤。一步也不退讓地說：「你的上司絕對不寬諒你！」如果他無可奈何地來投訴：「如此這般云云。」那就狠狠地威嚇他：「別做毫無道理的事情！只要那個人一發火，就沒完沒了。」進而再與那個職員一起到案主那兒去，飽受對方叱責一頓才回來。

如此一來，一向自信過剩、不可一世的職員就會心生警惕，不再犯錯，收斂起狂傲的性格，處事更加謙虛、謹慎。

因此，只要加以最後一擊使其不支：「為了你，我被迫低下頭來，甚至碰到地上，真是不得了呀！我不想再看到你的臉！」可以用一句話重挫其銳氣。稍微粗野是最能急速俐落解決問題的方法，上司不妨直截了當一些。

## 教訓39　對自信過剩的類型，應利用部門以外的人殺殺其銳氣！

# 使自卑的職員樂在工作

每年有二、三百人進入的大企業裡，儘管實施嚴格的考試，仍有一些始終應付不了的職員進公司來，成為令人頭痛的難纏人物。陷入負責管理這種職員窘境的課長，也許會感嘆：面試主考官究竟著眼於哪一點？什麼是用人的標準？又看上被錄取的新人哪一點，被列舉為這種問題職員的，是懷有自卑感的類型。凡事都消極退縮，無論交給他們什麼樣的工作，都是一副似乎沒有信心的模樣。可以的話並不想增加員工人數，但因為公司被視為作戰場地，職員則被視為戰力，所以並不好應付，常有一些難以收拾的殘局。

對如此的類型，首先必須讓他們增加自信，即使雇用任命他們做任何職員，也要說明：「我並非完全放棄你。」因此，也要說給他們聽：「進了我們公司之後，你表現得很好，是具有卓越才能的人。」然後，連續不斷地交給他們任何人都可以辦得到的簡單工作，讓他們斷定：「什麼，要我做這種事嗎？如果我自己也能做，那麼就可以做得不輸給別人！」這並不表示大部份這種類型的人原本就沒有能力，多半情形是自卑感阻礙了能力的發展。

如果認識了學生與社會人士被認同能力的方式完全不同，那麼就會有自信，發揮才能。就像安徒生的「醜小鴨」一樣，醜小鴨終有蛻變成美麗天鵝的一天。

**事例介紹**

S銀行是收益率最高的企業。雖曾發生了一些不吉利的事情，遭受社會的批判，但銀行內部的體制幾乎毫髮無傷。

進入這家銀行的B，忽然觀察起同期進公司的夥伴來，他們都很優秀，他心想：「憑自己的能力到底無法做到的。」曾經是拒絕上學兒童的B煩惱著：「如果因為一點點小事就拒絕上班，那就……」有如此戰戰兢兢的心情，是不可能勝任超級一流的銀行人員的。

儘管是銀行，但近來新進行員從事外務的工作比銀行內部的實務更多。然而，讓他們每個月製作六百張信用卡是業績標準，因為即使拜託熟人或親朋好友幫忙三十～五十張已是最大限度，所以往後唯有憑著實力去達成目標。當然，縱令是B也不被同情，一切照規定，毫不留情面，犯了錯仍要接受懲戒。

但是，不行就是不行，扶不起的阿斗就是扶不起。因此，判斷B已江郎才盡、完全敗陣下來的上司對眾人保密，私下決定讓B負責同一財團的S人壽保險的工作，針對S人壽保險的六萬名女業務員，勸誘她們：「請申請信用卡。」當然並非六萬名全部都答應申請信用卡，但至少大家是同一性質的行業，僅僅是這一點，就令她們有「自家人」的感覺，相較於完全東奔西跑像無頭蒼蠅般地招攬保險，工作容易得多了。結果一如預料的，由於似乎很快地增加信心，B已恢復一般的工作領域，至今仍愉悅地工作著。

為了更大的利益不得已犧牲小的利益，或是為了善用人才，有時非得做不公平的事情不可，即使受到抗議也要大膽、冒險的去做。如果此時讓B與普通的同事做同樣的工作，那B恐怕會不來上班了。

以這個例子來說，對有自卑感的部屬，上司有必要格外費心勞神。因此，

## 解說

上司對B所採取的應付措施是正確的。不過，萬一這個特別處置暴露在每個職員面前時，無論如何上司都必須辯解：「不是那樣，不是這樣。」逃避責任且推得一乾二淨。而所謂的有自卑感的職員，絕不表示其能力拙劣，只不過因某種契機才變得如此。上司雖無法解決過去的事情，但今後可以站在前頭帶領部屬付諸行動，以身作則，想盡各種辦法給部屬打氣。

舉例而言，像B這樣明顯擁有有利部份的人，讓他更有自信，善用自己的優點，或是暫時讓他中止從事困難的工作，輕鬆一下再觀察情況。讓他在倉庫做文件檔案的整理及管理，或是做管理公司內清掃人員的工作等，試著讓他轉任輕鬆的工作看看。

新進職員如果很快地退隱下來，被命令從事沒有將來性、看不到前途的工作，新人雖可能感到屈辱，但此時正是上司忍耐的時候，絕不輕易讓步，改變初衷。不，應該說是讓新人忍耐，讓其慢慢習慣公司的工作之後，再重新投入正式的工作。那麼，應如何去發現被責備為自卑類型呢？上司必須明瞭以下的方法：

①一向戰戰兢兢、提心吊膽，總是心神不寧。

②眼神空洞、茫然，從早上起就沒有精神。
③我所做的事，即使有錯也不提一句。
④笑容很難得見到。
⑤從未自己主動來和上司交談。
⑥從未說過可以嘗試在輪值早會當主席的話。
⑦朋友很少，午餐等場合一人孤獨地在員工餐廳等地方吃飯。

如上所述，如果認為確實沒有自信，那就將本人叫到密室來，好好地質詢一下，找出原因何在？不過，因為不能說「你非常苦惱於自卑感，我來幫你想辦法。」上司應觀察情況，迅速採取某種措施。如果本人陷入進退維谷的狀況，在窘境之中猶豫不決，那就大事不妙，一切都無可救藥了。

如此一來，部屬本人就非得當一個出界的邊緣人，直到退休為止不可了。在漫長的職場生涯裡，一個有自卑感的職員，註定永遠不會有出息，只能被冷落在一旁，一輩子庸庸碌碌地度過。其實，這種類型的人往往才華洋溢，只是被埋沒罷了。

## 教訓40　對自卑的職員，上司應該積極地採取必要措施！

# 第五章

# 提高工作意識的十大要點

# 對新人賦予研究課題的義務

公司職員並非只要平安無事、無可挑剔地處理完被賦予的工作就了事。應以被賦予的為基礎不斷產生新的點子，否則就永遠只做一個平凡的職員，為了不做這樣的職員，管理者只要賦予部屬不必立刻著手去做的課題，讓其進行研究即可。部屬的真正心聲也許是：我並不是每天被工作所逼得喘不過氣的研究機器。但就使時間及心情有餘裕的意義而言，仍讓部屬與工作較勁，由部屬極力去爭取喘息的空間。

應該賦予的課題，應該是打掃、倒垃圾等工作。不要斷定：「要求有如此經歷的部屬做這樣的事實在強人所難，他不可能去做。」而無論如何要讓部屬思考一番。舉例來說，最近一般人都認為：「已經不需要晚報了……」諸如此類令人感到時代在改變、歷史將重寫的意見成為人們談論的話題。因為電視、廣播等大衆傳播媒體的發達，大家都明瞭，分秒必爭、十分重大的新聞，根本不必等待晚報，每個人早已設法從各種消息管道找到自己想知道的訊息，現代聽說已沒有晚報。然而，我們可以輕易地放棄閱報嗎？將這樣的課題交年輕的新手職員，讓他們以新鮮清楚的頭腦研究，找出解決途徑。

讓新人研究某一課題，是很好的教育方法，它可以訓練新人面對問題，以最新的創意研究出一套更好的工作程序，在研究過程之中，發揮無窮的潛力，肯定自我。

「因為以往都是如此，所以今後大概也是如此」，即使仍停留在過去的記憶裡去思考事物，也沒有希望出現大的發展。針對服務於T人壽保險的Y，上司賦予他極不合理的重大課題。

日本的人壽保險公司大致上是百分之百的業務員（女業務員）直接到客戶那兒去，大力地推銷保險。這種模式，百年來一直未變。從世界上的情形來看，也只有英國的S公司是唯一的例外，是採取店頭銷售的形式。然而，這家公司是一家保有契約數額微不足道的弱小公司，畢竟，店頭銷售仍是很勉強、沒有道理的。

不過，儘管如此，並不表示只要永遠持續目前的營業型態即可，問題還是會產生。因此，上司命令Y研究有沒有新的銷售方式，能賣出更多的保險。這雖是一個大問題，但無論如何還有更大的問題。如果向資深的同事說，大半都會顯出放棄的樣子說：「課長，不可能有那麼理想的事情吧？你想得太美了！」打從一開始就決心不去接受。因此，尚未染上業界色彩、像一張白紙的新鮮人Y，在衆人之中雀屏中選，被指定研究這項課題，他覺得被重視，很高興地接受了，打算好好地一展身手。

結果如何呢？若由結論來看，Y是放棄了。自己雖試著進行研究，但如果有那樣理想的方法，那麼，老早就有他人著手去做了，問題也完結了，哪裡還輪得到由Y去研究，最後他失敗了，並沒有得到任何結果。

失敗的原因是問題過於龐大了，Y根本處理不了。因為課長一開始就認為不可能有那麼美好的事情，所以並不是那麼失望，他採取了稍微漫不經心、輕鬆自在的指示方式磨練Y。不給予Y壓力。

## 解說

正因為是重大問題，所以只要跨越課界，集合同樣的年輕夥件十個左右，讓他們組成專案計劃小組即可。如此一來，或許會得到更為正面的答案也不一定。

然而，課長並不悲觀，儘管計劃沒有成功。因為他認為研究成為一個契機，讓Y能以新的構想去思考事物，想出新的點子。事實上，從Y開始，以後有關公司內事務機關的各種提案相繼完成、提出，成為公司的參考依據。

常人說：「數十年如一日。」這完全是從前的說法。現在是一個三年，世界就變個模樣的時代。年輕人不斷地追求新的構想，目的不僅僅是為了施展才能而已，對公司而言，也有其必要。

現代，連顧客的動向也變化莫測，不時有激烈的改變了，不但技術改變了，所有的條件也一直在改變，再加上公司的經營方針也必須改變。商品的銷售方式、製造方式、開發方式、事務設計的變更等，都有必要不斷地變革。常識時時刻刻都在變化，應付這些變化即是管理者的責任，但怎麼也跟不上潮流，所以才採用年輕的新手，以激發新點子。

作為養成新手的方法，如前所述，不僅是讓個人的能力發揮出來而已，建立團隊、讓人形成其中心而激勵全體人員，增加影響力也很重要。課長心想不久之後讓Y重新擺開架勢，再次接受挑戰，並讓他製作數個人的計劃，組成專案小組，領導小組進行研究，課長又打算、終有一天會讓他提出很驚人的案子，以充滿創意的點子回覆上級的諮詢。

因為，讓他選那個小組的成員，也是另一個令他發揮才能的方法，有識人的能力，計劃已成功一半。統合人員、集中歸納整理意見，使意見趨於一致，並解決紛爭，搞定一切問題，也是博得人望的一個方法。如果沒有人緣，其他人就不會聚集、靠攏過來，收攏不了人心，就無法領導一群人，成為好上司。

無論如何，藉由各種行動能產生與以往性質迴異的新創意，而讓這些創意反映在具體的政策上，上司的任務，應藉由交給部屬工作而使其產生幹勁。也就是說，上司必須讓部屬好好地思考工作的程序，進而提高其能力，達到可以行使影響力，將自己的想法帶給全體人員。總而言之，新人需要磨練，而賦予課題研究是一種很好的訓練方法，可以激發出新的創意，使團體一直進步，創造新成績。

## 教訓41　經常要求新的構想，可以磨練部屬的才能！

## 對能幹的職員應賦予高標準的工作

剛剛進公司的時候，每個新人都不相上下，看不出太大的差異，經過一陣子之後，能力就逐漸地出現差異，預見這一點，便可以理解為何每一個公司都會估計職員有一些疏失損耗的原因了。雖有必要公平地對待職員，但仍不可以凡事都讓他們做一視同仁的工作，摘掉有心想要成長之職員的新芽，阻礙他們進步。因此，對有才能的職員應接連不斷地賦予高難度的工作。

另外，必須注意不僅是交待工作而已，也要由職員自己要求接受挑戰。一旦將能幹的職員與不中用的職員配合在一起工作，組織就不活性化，因為會互相影響、牽制對方。優秀的職員會表現出不因工作程度而滿足的表情，迅速結束所賦予的工作，似乎一刻也坐不住，因無聊而無所事事，簡直浪費人材，這是萬不應該的，也太可惜了。另一方面，有人儘管忙得喘不過氣來，頻頻拭汗，然而即使再忙碌，花了許多時間仍無法消化完工作。

說得清楚一點，對待能幹的職員即使在能力較差的職員眼前也說：「請你做這件事。」賦予高難度的工作，反而是很妥當的做法。雖無能的職員或許會認為：「哎呀，上司有差別待遇！受到冷落了，這下子冷板凳要坐很久了。但上司絕不可客氣，別考慮太多。

A食品工廠的T是由文科大學畢業之後進廠來的。目前公司讓他從事巡迴拜訪客戶、與批發商等對象有所接觸的工作，沒想到他竟然非常費心勞神。如果不會交際應酬、不會說客套話，就勝任不了。

剛脫離學生的身份，就隨時笑嘻嘻地擔任業務工作，負起業績的壓力，也是令人操心擔憂的事情。

但是，和課長的預料相反，T在客戶之間的風評很好。偶爾會受到有事順便到總公司來的客戶讚美一番，譬如：「這一次負責我們業務的T感覺很不錯嘛，是一位最近罕見的有禮貌、守規矩的年輕人喲！」等等。不知不覺地，在他所負責的批發商之間為他取了一個「涙花峰頂」的暱稱，覺得他非常可愛。

由於評價非常好，因此通常只交給一般職員一個單位的負責區域，卻交給T二倍的區域。儘管如此，他仍幹得很出色。

這是一個好例子，亦即實地進行不斷讓有能力的人做事的鐵則，是提高部屬能力的方法。

## 解說

一般事務方面的工作，某個研究課題或機械作業等等，從肉眼看起來，工作成績並無差異。然而，一旦從事營業的工作，短期間之內就會出現極大的差異，能力上的差異會實際地反應在銷售業績上。

剛開始時，課長對T的想法是：「打算讓T做半年左右的見習工作，再轉任研究室的工作。」他預定半年之後讓T到有衆多理工科系、藥學系畢業生的研究室去，負責事務工作。

但是，由於被稱為「浪花峰頂」在同事之間脫穎而出，T顯得格外地引人矚目，因此課長讓他暫時專心投入業務工作。隨著他慢慢地習慣工作，也因為擴大了業務範圍，交易額倍增，連一向只購買競爭對手之產品的公司、批發商，也由於T的拓展業務而來買產品。

同樣地，讓他做產品推銷員，簡直是浪費人材，在立刻被調換職位的職員之中，T顯得光采奪目，特別出色。課長雖打算將來讓他從事業務工作，但還是希望他也能幫忙負責東南亞業務之事務所的工作。

課長很明瞭所有同事都正側目看著T：「T君那個傢伙，被課長收買了啦！」於是在早會上說道：

「我要先向各位說的是，我們公司的人事方針是能力至上主義。能幹的人便不斷地增加工作量。當然，不僅其辛苦度增加，連薪水、地位都會隨之提高。長期下來每個人雖有相當差距，但這也是無可避免的。公司便是一個有辦法的人擠掉不行的人的飯碗，使其失業的組織。因此，能幹的人的待遇提升，是理所當然的呀！」

於是，所有人看T的眼神改變了，甚至連一向不服輸的職員也有各種意見。從：「因為是T，拿他沒辦法呀！」到：「居然被T這號人物所打敗！」都大有人在。

一改過去的情形，組織大大地活潑起來。

如上所述，軟硬兼施、剛柔並濟，儘量讓能幹的人施展才能，作為刺激其他職員的方法，也有其重要性。

日本人的較勁意識，在養成職員的階段會造成害處，一點也不能有所助益，一旦職員充分地完成工作，就那樣放任有餘裕的職員不管，讓他陷於自我滿足，那就算不上好事。

## 教訓42 藉由將工作冠上等級，可以對組織產生相乘效果！

## 嚴格教導部屬公私的區別

在年輕新人之中，也有一些出衆耀眼的人物，正因為他光采奪目，大家看待的眼光也開始不一樣了。不管東方或西方，這種類型的人總是容易受到批評，成為吃醋、嫉妒的對象，因此，上司必須嚴格地對待能幹的部屬，有時苛刻一點也無妨。為了不致被其他的同事在背後指指點點，應教導他們對公私的區別，不可以讓他們認為：「這種事情大概可以了。」「應該沒有問題了吧？」等，因上司的厚愛而心存僥倖。

①時間的公私區別：在上班時間打私人電話、外出在咖啡店飲茶、遲到等等，都被部屬用來作為私人的時間。

②金錢的公私區別：在公司雖認可經費的使用，但畢竟是公司的錢。絕對不可讓部屬使用於私人用途上。這種教育是嚴格而恰到好處的。因為，即使一開始由上司提醒才知道不能公款私用，但習慣之後部屬就不會如此做了。

③公司產品的公私區別：公司的物品從事務用品到原料、商品、消耗器材、電話等，都不可以使用於私人用途上。事實上，公私分明並不易做到。

## 事例介紹

服務於C製藥的G，巡迴於醫院或診所之間，從事銷售藥品的工作，因為是巡迴經銷，所以與東奔西波的業務大不相同，工作非常輕鬆。不過，由於並非只有C公司在做這一行，因此與其他公司的競爭相當激烈。

在這種競爭下，醫師有時要求看商品樣本。不，即使未被要求也要說：「醫師，這是樣本，請收下。」所謂的樣本，只是名義上提供免費的商品而已。就某種意義而言，與商品打折減價是一樣的。

為此，G總是隨時帶著許多商品樣本，倉庫裡也有許多存貨待用。這方面由G自行處理，擁有完全的自由，公司甚至不會對樣品一一盤點庫存，或是有其他的檢查。縱令有時被公司檢查確認，也只要說一句：「送給○○醫師了。」就沒事了。

G最初雖將樣品的支出正確無誤地記在銷售傳票上入帳，但隨著慢慢習慣之後，便開始馬馬虎虎起來，終於帶回家交給家人，或是交給親戚。

剛開始誰也不知道，由於樣品異常地減少，有一天，課長質問他：「怎麼了？樣品減少那麼多，儘管減少的比率只要不致影響銷售業績的成長，但是……」最後查明他挪作私用帶回家去了。課長聽了非常生氣，打算嚴加處置，按理說，犯了公私不分、公器私用的錯誤可以考慮撤職、開除。一個會挪用公司物品作為私人用途的職員，很難保證他們往後不會竊取公司更多、更重要的物品，侵佔為已有。

## 解說

作為公司的一份子，基本道德中的基本，即是能公私分明。要獲得人望也是一樣，一旦開始風傳：「○○先生可以清清楚楚地區別公私，剛正不阿。」就表示成功了。相反地，即使工作上再怎麼能幹，公私不分的人（也就是所謂的形跡可疑的人）絕不會有出息，他們在中途會遭遇挫折而失敗。

G失敗的原因在於上司的管理有問題，未善盡監督的責任。完全使用於私人用途，要有某種機會。這個讓G搞怪的機會，即是課長對比別人提高更多業績的G疏於查核。雖有人說：「一白遮百醜。」但工作上緊張積極的人，從一方面來看，似乎一切都很順利圓滿，其實這是一個陷阱。

課長也是忙得眼花撩亂，無法一一檢查部屬的工作實況，因為G的銷路明顯地擴大了，所以不知不覺地判斷他一切都很優秀，且讓他自由行事，不加太大的干涉、管束。因為任命他擔任提高業績的講師，在公司內部的研修會上發表經驗談，所以連課長也對他掉以輕心。

由於是課長的位階被發掘的人，無論如何總得設法遵守公司政策方針，因此，G仍然留在原課，這是非常危險的。上司讓他認錯，不應該只在課長面前才不再做，下次絕對不可以再犯。

環境不佳，任何人都會受誘惑所驅使，任其擺佈，有時不免利慾薰心，做出無可挽救的憾事。因此，上司必須注意不使部屬處於如此的狀況，以避免部屬禁不住誘惑，一失足成千古根。況且，仔細的考量也是必要的。

公司職員原本就具有容易引起公私混淆的環境因素。

一是，驕傲自滿。譬如，認為「為了公司這麼竭盡全力、鞠躬盡粹，做到這種程度大概就可以了」的撒嬌心理即是。

二是，人性的弱點。在面臨選擇「公」、「私」哪一個比較重要，不知顧全哪一方時，無論如何人都會偏向於自己這一方。

三是，被唆使而不知不覺地做了……。

讓有為的人才很可惜地因如此無聊的事情而遭遇挫折、失敗，是管理者的責任。上司痛切地感受到這一點，於是自己想以身作則。部屬經常模倣上司，一舉一動都學得維妙維肖。無論是好的，或是不好的事情，全都以上司為範本。不，毋寧說，上司不好的一面比較容易學習，容易染上惡習。因此，身為上司的人，仍應小心謹慎為宜。

## 教訓43　公私混淆不分招致能力的停滯。絕對不可以容許！

## 提高聆聽、書寫、談吐的水準

在公司裡，意思的傳達極其重要。這不僅止於公司內部，與交易客戶、政府機關的交涉折衝等，在所有的場合都是應該具備的能力。若這方面不擅長，則作為一個公司職員將極為不利。當然，連陞遷也沒有希望了。但是最近的年輕人唯獨擅長談吐方面，在書寫、聆聽的能力卻很笨拙、遲鈍。因為進入公司以來一直保持又蠢又傻的樣子，表現出憨厚、天真的一面，所以非得在公司裡好好地鍛鍊一番不可，否則他們永遠是一副幼稚的模樣。他們或許會說什麼都有信心，但不可以相信他。

首先是書寫的能力，縱令談吐是傳達意思的重要方法，有時也很困難，譬如，當作文章保存起來啦，寄信取得對方瞭解啦，用電話說明澄清事情等，這時就必須寫出非常容易瞭解，可以讓人閱讀的文章。

其次是聆聽的能力。也許有人會認為：「什麼？聆聽這種事，太簡單了！」但在這方面也出乎意料之外的困難，因為聽人說話得要有耐心。

談吐的能力也包括了在衆人面前演說的能力，因為以年輕職員比較擅長的情形居多，所以上司不必擔心。如果有人說：「真棘手。」那麼，大概只要考慮給予實施教育就行了。

### 事例介紹

M相機公司的Y，服務於出口部門。他雖有英語流利的優點，但進公司時上司問他希望工作的部門，所以公司按照他的希望分派到現在的部門。

在出口部門，多半以英語書寫商業文件而寄送到世界各地。英語的商業文件與日語截然不同，表現的方式並不容易。如果是日本的客戶，雖可以辯解：「那個地方錯了。」「改正好了再寄過去。」「我再檢討一次吧！」等，但因為與外國客戶交易時，契約就是一切，所以文章極其重要。

Y雖也被徹底教育商用文件的能力，而委任工作，但到了上司那兒，契約文件仍被修改了數次才過關。上司很擔心：就這樣把重要的工作交給Y好嗎？因此，他親自示範樣本？讓他照著寫上近數百遍，即使這些練習之作大致上很完美，上司仍標上紅字批改，以鍛鍊他的文章能力。

最近的新手，雖很容易動不動就說：「沒問題！」但以接受過一般公司的入門指導教育而言，是非常不夠的，不能成為有用的人材，這一點必須瞭解。

Y的情形，由於本人說：「製作文件及契約書我頗有自信。因為，我一直研習專題討論。」因此上司也期待他的表現，但是，實際上畢竟仍是不夠理想，完全派不上用場，因此，實施連日的特訓，使他成為成熟的職員。

書寫的能力似乎與一個人所閱讀東西的數量成正比。讀了大量書刊的人，就極為自然地瞭解應如何寫最好，文章的表達能力、遣辭用字確實豐富多了。

然而，現代的學生脫離鉛字太久了，除了教科書等必備書籍之外，幾乎都不讀書。因此，書寫能力當然不可能增長。即使是對Y，在指導他書寫的同時，也不斷讓他閱讀一般的書籍、雜誌，尤其閱讀名著小說，讓他做提出感想、報告，盡力進行具體的指導。Y也配合這項工作，迅速增長能力。只要給予指導，讓職員讀書、實施教育，大部份的人應該會有還算不錯的程度。

要增進談吐、書寫、聆聽的能力，也有一部份視個人的素質及學校、父母教育等來決定。然而，最重要的是，讓其反覆多做幾次。

藉由這個方法，便有成長的餘地。總而言之，機會較多的人談吐、書寫的能力就極其自然地擅長了。機會較少的人，永遠也不能提高能力。

譬如：播音員的儲備人選，數千次、數萬次地在麥克風前面前練習。小說家的候選人則在投稿數十次之中，才能逐漸地增長表現能力。

如果職員藉口棘手，就永遠不讓他去做，則會逐漸成為一個無能的職員，就這樣一直停留在原地打轉，毫無長進。

即使是有關於聆聽的能力方面，雖只是默默地聆聽對方的話，那倒是很簡單，但作出反應、點頭同意、適切地應答等，這是公司的責任，要求職員具備這些能力是上司的工作，因此相當不簡單。

雖善於聆聽且善於說話，但要使對方的情緒高昂、提升氣氛，在商務洽談等場合都帶入有利的境地並不容易，相較擅長說話，擅長聆聽的人來得更多，所以通常做好一個凝神聆聽者，更為有利、更有助於工作的發展，如果兩者不可兼得，那就擇取其一，多作加強。

## 教訓44　聆聽、書寫、談吐的提升，關係著領導能力的養成！

## 希望擁有因達成目標而歡喜的心

作為提高部屬工作意識的要點，是當部屬能達成自己所要求的工作時，上司應與他們一起為達成目標而高興，鼓勵道：「太好了，真的做得很好。因為有你，才辦得到呀！」即使部屬犯錯了，也不可以認為是部屬胡作非為，隨興行事所致。

偏偏對部屬抱持著勁敵意識，處處看不順眼，想一較高下，心想：「我非常害怕的傢伙，真擔心早晚總有一天他不但會威脅自己的地位，而且會受他的命令支使呀！」有的上司便因心結問題而露出不太好的臉色。

對如此膽小怕事的人，我真想問一句：你有培養部屬的能力嗎？

然而，現實裡這樣的上司多少存在著。也有反過來作出抹殺部屬能力的人，因此，上司便失去資格，不，應該說失去管理者的資格。如果是上司本身，也許會認為：沒有做種事情的道理，太不應該了，本想培養部屬，竟然作出扯其後腿的行為。不過，一旦厲害的部屬進來，就會不知不覺地做這種行為，雖只要一發現就立刻醒悟過來即可，但往後絕對必須小心謹慎，避免苛待部屬的行為。

即使部屬做錯了，上司也不可以扯其後腿。

P火腿工業公司的D，與百貨公司負責業務的人員編在一組，進行節慶宣傳文康活動的工作。為了謀求提高業績，他租借了食品賣場地下一樓的專櫃，與百貨公司人員一起拼命銷售火腿。在業界，這是一項新嘗試，提出構想創意的人，是令人感到清新的D。

上司在企劃會議上聽到來自D的提案時，也曾發出疑問：如果百貨公司方面給我們「可以合作」的答覆，雖沒有如此美好的事情，但一切會那麼順利成功嗎？幸喜，S百貨公司食品賣場的O曾是D大學時期專題研究班的學長，事情便順順當當地進展著。

結果到底如何？達成了超出其他火腿食品同業公司商品銷售額三倍的業績，可見成果相當豐碩，交出了一張漂亮的成績單。而其中多半的情形是，一旦抓住了顧客，就讓他們繼續購買同樣的商品，以後即使不做促銷活動，銷售額也不會大幅下降，業績仍維持一定水準。

公司幹部聽了這件事，叫來D特別表彰一番：「做得很好！」D的上司當然理應很高興，感到與有榮焉才是，但他的心情很複雜，並沒有由衷感到欣慰。原因是，因為只有D被褒獎、被讚揚，他成為公司裡唯一受歡迎、最吃香的鋒頭人物。

按理說，自己部屬的功績也會百分之百地回歸到自己身上，與部屬共享榮耀，但上司竟然升起嫉妒心，無法打從心底與部屬共享喜悅，恭賀D一句：「恭喜恭喜，幹得好！」反而愈來愈無法忍受日漸顯露的鋒芒，真是一個內心可悲的人啊！

## 解說

讀了這案例，也許會認為：「如果是我，就不會做那麼愚蠢的事情了。」

然而，只要一碰上現實的場面，就經常可見不是那麼順當的情況。即使心裡很清楚這一點，明知不可為，但無意之中仍做出恰好相反的事情。

為什麼？原因是如果部屬呈獻超越自己的成果，比自己再一級的上司就會直接褒揚部屬，或是根據場合、情況，作出「讓D發表經驗談，說說如何達成那些成果。」等指示。「課長等主管完全被拋在一邊，受到冷落了。」一旦有如此的風聲傳出，氣氛就會逐漸奇怪。非但不能培養部屬，反而扯部屬的後腿，拖累部屬。

那麼，該怎麼做才好呢？首先最好是上司成為一個成熟的大人，這個案例裡，拜D之賜，那家百貨公司的業績至少增加了三倍，所以，上司必須坦率地與D一起在飯店的休息室舉杯慶祝，不這麼做就顯得沒有風度、不夠大方。即使內心認為部屬是「真厲害的傢伙」，也對此事隻字不提，以免洩漏嫉妒的心理。因為：一旦被發現一點嫉妒心時，就會被部屬所疏遠，不受敬重。

然後，在爽朗地為部屬而高興，共享榮耀的同時，應考慮——。

第一，能學習一些D的新創意，從他的構想裡汲取靈感，認為自己年長又經驗豐富，所以很優秀，必須經常位於部屬之上，是大錯特錯的想法。常言說「青出於藍勝於藍」，出現了利用上司而超越上司的部屬，應該大大地高興才是。

第二、認為部屬的成功也就是自己的成功，因為，事實上是如此，上司應以部屬的成功為榮。善加任用使喚眾多部屬，集眾人大成，發揮綜合的力量，是一個優秀管理者的條件。只要冷靜地思考以上兩點，無論部屬完成再大的成果，也應該擁抱部屬的肩膀微笑地說：「做得好！」這麼一來，你將會因此而脫胎換骨。

被優秀的部屬超越過去，也成為上司自己施展才能、有所成長的「能量」，推動你前進，不斷地追求進步。上司不可以整天吊兒啷噹、遊手好閒，對一切變不在乎、掉以輕心，否則終將被拉下主管的位子，地位不保。

**教訓 45　部屬的成功就是自己的成功，應該不斷地保持能分享喜悅的態度！**

## 營造容易舉手發言的氣氛

一旦被賦予工作，接受任命的人，都處於被動的地位。相反的，如是自己要求去做的工作，就會負起責任實踐承諾，到最後一刻為止。每一個人都要自動自發，才做得心甘情願。然而，資歷尙淺的職員即使心想：「真希望做那件工作。」也絕不能說出來。若由自己說出來卻辦不到，則該怎麼辦？或者，有許多前輩在，卻以爭功奪名是好的嗎？再者，與其做從未經驗過的事情，不如平安無事、無可挑剔地掌握現在的工作，如此損害會來得少一點，是否只對現在的工作得心應手、操縱自如就行了？

總而言之，部屬本人會考慮種種問題而猶豫不前。無論如何，部屬很難開口說：「請讓我做！」

不過，部屬有如此消極的想法就培養不了大將之材。因此，上司應營造讓部屬容易說出：「請讓我做！」的氣氛。舉例而言，在早會上說：「失敗的話由我承擔責任，痛下決心去做吧！」或是：「○○完全由自己主動做××工作呢！」或是：「雖然新工作只有三件……」等，反正是要不斷地說一些讓部屬容易舉手發言的話。

優秀的上司在養成部屬上，總是隨時會運用各種技巧。

T陶瓷股份有限公司的Y課長，認為經常讓部屬對新的工作挑戰是上司的責任。

R雖是進公司第一年的職員，但相較於其他同期進公司的夥伴更為消極，完全沒有一點企圖心。不曾嘗試過來向上司說：「我要做這件工作。」

Y課長千方百計地想要培養R成為積極的職責，於是採取如下的措施。首先，改變R的座位。為了使他安心地工作，課長讓他坐在最會照顧人的前輩旁邊。其次，私下拜託前輩多幫忙R，讓他做得游刃有餘，不致應付不了。而且，又分發給全體課員一份大意記載著「目前有兩件新工作正在企劃」的文件，並說了一句：「有沒有誰要來做看看？」

頭腦靈敏、做事機伶而一心一意被認同的人雖會來說：「讓我來做！」但Y課長拒絕他們說：「已經決定由別人做了。」不久之後，就有來自R的申請，課長暗中等待R來找他，果然有了回應，他便趁著機會好好地磨練R。

要讓R自己提出要求，有三個理由：一是R正以側眼旁觀著每個同事都不斷地在工作上較勁，其實他很著急，覺得自己不夠自動自發。另一個則是，坐在很會照顧人的前輩旁邊，使他心裡很篤定、大為安心。最後一個是，任何人都容易做得到的工作，R足以勝任。

如有了一次成功的體驗，接著就會積極起來，事實上，R也是如此，有了信心，人就容易積極，做得更來勁。

## 解說

要在工作上提升較高效率，無論如何要讓部屬自動自發。唯有如此才有意義。不過，如果自己不知能否積極地在工作上較勁，那就不是這樣了。R的情形即是如此。T陶瓷公司一向是以積極果敢的經營方針而聞名，因此，對職員也是一樣，自己要求做事而不斷工作是受到獎勵的。然而，對R那樣消極的職員，則要想盡辦法讓其自動自發地要求工作。即使是做同一件工作，被命令才做與由自己提出要做是大不相同的。被命令才做很無趣，由自己提出則很有趣。這即是實際的情況。引發部屬自發性的方式，是完全不做指示，就留下四分之一左右的工作，等著部屬自己去完成。藉由節制給部屬的指示，培養其自發性。

在新任而沒有經歷的管理者之中，有人會誤以為由自己作出指示是正當的，於是故意反其道而行，作出相反的指示。這真是毫無道理、不可救藥。果真如此，則每一個部屬都會變得消極。愈是善於讓部屬自己說出要求的上司，愈能使部屬的幹勁熱絡起來。

最容易顯出成果的，即是上司出差一～三天的時候。這時，有幹勁而自動自發去做事的團隊，與上司是不是在公司無關，大家仍如平日一般不停地工作，不敢怠忽。反之，衆人一看上司不在就只會偷懶：「太好了，這下子可以隨心所欲了，真是一個休養的好機會！」這兩種心態的不同，也造成工作成果的不同，只需一個月，就會產生天壤之別。因此，一個上司有其被要求的條件，其中態度問題便是很重要的條件之一。這意味著，從部屬的立場來看，上司畢竟還必須容易讓自己說出「請讓我做」的才行。部屬願意提出要求做事，整個團隊的成果也會提高。為了讓部屬自動自發，上司有必要努力使自己平易近人。

一起喝酒、吃飯、遊玩，都是拉近距離的好方法。想要與部屬打成一片，就要設法找機會與他們相處，傾聽他們的心聲，讓他們說出自己真正的意見。在交心的談話之中，上司與部屬更為瞭解對方，彼此之間的距離更為親近。

上司自己一天到晚表現得似乎很忙碌，或是假裝大模大樣的主管架子，只要坐在位子定住不動，不關心部屬的動向，形成部屬難以主動傾訴的氣氛，也是很不好的。一看上司一副分不開身的模樣，部屬就不容易把話說出口，無論如何都會有所顧忌。長期下來，部屬與上司之間便形成一道隔閡，有什麼話都不敢直言，久而久之，便失去自發性。因此，上司要拿捏分寸，既要與部屬保持親近的關係，又要訓練他們自動自發，有時不如離開一陣子，讓部屬盡力表現。無論如何，由上司主動接近部屬，更為積極地禮賢下屬很重要。

上司應尊敬部屬好的建議，部屬有好的表現，要由衷佩服給予鼓勵。上司只要在一旁督促，讓部屬自動自發地做事，並樂在其中，工作上就會有高效率。

## 教訓46　並非強迫，而是應該安排部屬發揮自發性！

## 對工作賦予刺激性及不安感

「工作如果是快樂的，就宛如置身於天堂；若是痛苦，則彷彿置身於地獄。」

俄羅斯的作家高爾基曾這麼說。的確，工作的樂趣在於能從中獲得幸福。通常，人的真正心聲大概是「為了生活而工作」。有沒有讓部屬做辛苦的工作卻多方設法使其快樂的方法？能這麼想的上司也無妨。若工作很有趣，則自己會找出工作，這一點將會使組織全體活性化起來。但是，要使工作有趣應如何做才好，關於這一點，只要對工作賦予緊張感及不安感就不成問題，亦即使工作運動化。

譬如，對喜好高爾夫球的人，在工作上命名與高爾夫球有關的名稱。保齡球、網球、田徑、游泳、桌球……，任何運動都可以，總而言之，只要部屬快樂即可。至於具體上該怎麼辦呢？試著藉由讓部屬與同期夥伴進行工作速度的對抗戰，看看誰的效率最高，可以迅速而正確地完成工作的人，即是勝利者。當然，對優勝的人要給予褒獎。如此一來，部屬就不會陷入拘謹謙恭的框框，不敢有所表現，生龍活虎地執行工作。

上司不可以嘮嘮叨叨地數落部屬的無能，必須徹底考量如何藉由一番工夫而施展才能。

N住宅產業股份有限公司的S課長使工作遊戲化，激勵部屬發揮潛能。

N住宅產業是住宅的銷售公司，但因為當時正是不景氣的時候，所以並不是消費者購買住宅的時機。房子完全賣不掉，公司必須多方設法促銷。然而，

不管怎麼激勵部屬，在這樣的社會仍不能嬌寵溺愛部屬，S課長傷透腦筋不知如何是好？因此，考量為了使銷售額成長，讓五名部屬進行對抗戰，給予勝利的人獎金。將工作遊戲化，如同足球、高爾夫球或保齡球一般，進而罄盡自己所有的零用錢，讓工作有玩要的感覺，藉以激勵部屬。

因為人的競爭意識很強烈，所以，「只有○○○是不能輸給他的！」、「○○那筆獎金當然要以勞力掙來的，希望你務必去爭取！」等等，都是最好的激勵。上司只要大聲吶喊，過去低調沈悶的氣氛就會一掃而空，一舉變成開朗的、有衝勁的團隊，出現積極向前的部屬，不僅能如期達成賦予的目標，甚至連其他不相干的工作也任勞任怨，全力以赴。

與業務有關的工作，儘管去掉了市場環境因素，它的成敗與從事銷售者的魄力大有關係，業務員的個性深深影響業績。無論在什麼樣的業種都是一樣。參與與業務有關的工作時，業務員的作風是否積極相當重要。而且，要讓他們對工作投注熱忱，全力以赴，上司的良好領導也有極大的影響。

一個好上司會引領部屬的積極性，展現魄力。

## 解說

人是有惰性的，一有偷懶的機會就樂不可支，慢慢地沈淪下去，這是人世的常情。不一直持續給予他們刺激，他們就會怠工，做事偷工減料。為了不致於如此地步，上司最好灌輸部屬工作上的緊張感、刺激性及競爭原理。什麼都不做，就不可能有如此的成果。部屬隨心所欲、充滿企圖心地在工作上較勁，那是夢想！共產主義社會之所以崩潰瓦解，也是因為無論工作或不工作，結果，在生活上並不會產生一些差異，大家還是一樣貧窮，這種環境因素，將人們扯進怠惰的世界，沒有人願意努力工作。

那麼，儘管對工作施加刺激性，但就其內容下工夫作研究仍有其限度。因此，即使是多麼艱辛的工作，也要使工作遊戲化，讓部屬互相競爭。

舉一個好例子，有一種方法是讓每一個實力相當的同事進行對抗戰，給予勝利的一方獎金。像高爾夫球的記分牌那樣，將每天的業績狀況製成圖表，鼓動彼此之間的競爭心。再者，藉由讓競爭對手知道對方的潛在顧客增加至何種程度，業績領先多少，給予更為強烈的刺激。

為了灌輸部屬工作上的緊張感及不安感，讓他們品嚐刺激性，管理者應具有寬容的精神，容許部屬嘗試錯誤，也必要具有大方的胸襟，對芝麻小事不大驚小怪，動不動就大聲斥責部屬。氣度狹小的管理者，甚至連部屬的瑣碎小動作也喜歡插嘴干涉。自己並不是那麼完美，卻要求部屬完美。對部屬所做、所完成的事情也隨便批評，老是操心不已。儘管乍看之下似乎很親切的樣子，結果卻完全相反。這樣的上司，非但沒有引發部屬的幹勁，反而會扯部屬的後腿。被五花大綁、極受束縛的部屬不可能發揮最大的潛能。

賦予比部屬的能力水準稍微高一點的工作，讓其實行，也是讓部屬燃起幹勁的一個方法。部屬本人將會品嚐到緊張感：「我可以做嗎？如果做得到那太高興了！大概也會被上司讚美，同事或許還會大吃一驚哩！」

部屬被賦予超越自己能力的工作時，他們就會興奮地以為：「上司是不是這麼尊重、讚許我的能力？」而讓幹勁沸騰起來，洋溢著熱忱。這種沸騰熱烈的心緒，成為更進而提高工作意識的泉源。在樂於工作、愈做愈有趣之間，成就感便相繼地累積起來。如能試著仔細一看，就發覺獲得連自己也驚訝不已的大成果。這樣的情形，在公司裡可能頻頻發生。

總而言之，身為一個上司應讓部屬由錯誤之中學習，記取教訓，並容忍部屬的小錯，以寬大的態度看待，在一旁默默觀察著，適時給予糾正，而非過度干涉，一味地奉行完美主義，要求太多。

## 教訓47　愈是困難的工作，愈應悉心鑽研如何使部屬競賽得很有趣！

## 藉由與其他業界競賽擴大人脈

有一句諺語說：「井底之蛙不知有大海。」據說，到過美國的職員看待世界的眼光會大為改變，眼界更為寬廣。因為，他們經常接受許多文化衝擊，觀念便隨之改變。舉例而言，美國小學生上課時將腳伸出放在桌上，坐得大模大樣，老師卻完全不提醒他們注意自己的行為。晚上八點以後一個人到處蹓躂，恐怕會有被人襲擊的危險。

然而，美國人的生活方式是自由而大方的，充滿了自信，每個人都可以依自己的意志去生活，想要做什麼事，誰也不去干涉，個人主義的觀念非常普及，奉行得很徹底。

如上所述，藉由涉入全然不同的環境，人的視野會拓展開來。至於公司，也是各公司各有其風格、文化，即使在同一業種，只要公司不同，氣氛就全然不同。況且，如果讓一個人出入截然不同的行業做事，眼界將更寬廣，如此或許可以養成具有廣泛見識的職員。

因此，上司不要讓職員關閉在公司裡，完全封閉起來，要安排讓他們外出積極吸收不同的空氣。具體來說，可以利用公司外留學制度等方式，試著派遣他們到其他業種的公司一個月或二個月，甚或半年。當然，因為採取互換制度，所以也接受其他公司的新進職員，讓他們工作。在短期間內，這些職員應該會學習不同的東西回來，令人刮目相看。

在T種苗商會，每年任用五十名大學畢業生。一進公司之後，就立刻實施二個月的研修會。然後分派到各部門，讓他們從事半年實務工作。然而，作為戰力還不太能使喚，無法馬上派赴戰場。原因是，種苗的行業經驗極其重要，新手完全派不上用場。

經過半年之後，T公司遴選優秀的職員，讓他們到德國、荷蘭留學。這兩國在種苗業界是先進國家。因為對方是進行業務提攜的公司，負責提升留學生的技術，所以很快地接受了T公司的留學生。

與此同時，其他的同事則被派遣到國內的其他業種，譬如金融機關、酒類貿易公司、水產養殖界等，到與種苗商會毫無關係的地方去，研修一～二個月左右，這是為了拓展職員的見聞。

為了讓部屬在每一件事上產生新的創意，改變環境是非常重要的一環。

在一個大企業裡，公司裡的人有時帶著自嘲意味地說：「我們公司是○○村」，以此形容自家公司內部的相關事情。至於那句話有什麼樣的意義，則是指公司裡的人大搖大擺、神氣十足地做出只在公司內部通用的言行舉止，毫無

顧忌可言。而在這個村裡度過上班族生涯，直到退休為止，也有負面的部份。

因此，像T種苗商會那樣，儘可能給予職員與其他行業競爭的機會，是很好的教育訓練。一旦有了其他業界的朋友，視野當然會拓寬，且連構想也開始改變，不斷地產生新點子。僅僅是繼承同一業界以往的經驗而已，那麼在與其他同行的嚴酷競爭上就一定無法獲勝。抱持著新鮮感及好奇，培養眼光也很重要，如此才能隨時觀察其他業界正在進行的新動向，所謂的「知己知彼，百戰百勝」，即是這個道理。

如只在狹隘的自家公司思考事情，無論如何，新人對上司、前輩會有顧慮，無法採取隨心所欲的行動，如願以償地完成理想。但是，一旦實施公司外留學制度，則藉由留學職員的新發現，回到公司能大膽地向上司說出自己真正心得且希望實踐的事情，譬如：「課長，在××公司都是這樣做的，我們公司是不是有必要也嘗試一下呢？」或是：「在△△業界，○○是不被容許的做法。我很驚訝，已經到了這樣的時代，我們公司是不是還要一直如此做下去呢？」因為新人的構想及意見是從完全不同的角度產生的，所以上司不可以輕視這些意見

。無用、成不了大事的人原本就很多，那是因為他們偏重理想而罔顧事實。儘管如此，因為他們是一直朝著理想走、充滿企圖心，可以培養成為積極向前、衝刺十足的職員，所以可以說正面的成份居多。

留學一事雖略嫌大肆鋪張、誇大，但也可以用最簡單的方法去思考，看得單純一點。舉例而言，藉由建議、勸誘部屬積極地參與「○○學會」、「××研究會」等機關所舉行的會議，以及專題座談會、研習會、課程、研究發表會等等，也可以帶給部屬結交其他公司、其他業界之朋友的機會。即使部屬想去參加，只是這些活動全在平日舉行，上司若不製造機會，部屬也無法出席。

這些活動，不僅是聆聽講師的話而已，也成為參加者彼此交換情報的場所，譬如說：「我們公司一直都這麼做。」聽聽其他公司職員的看法、意見，以此為契機，可以獲得新的朋友、新的資訊。正在發展的公司，試著向業界其他公司提出要求：「務必讓我們去參觀、見習。」也是很好的方式。因為，即使被拒絕了也沒什麼損失，不是嗎？

## 教訓48　打發可愛的孩子出去磨練，不斷讓其外出，不可嬌生慣養！

## 以取得專業資格、提高能力為目標

部屬在公司裡的教育訓練之下，日積月累自然而然學會做事方法。不，應該說不得不學會。若不使教育訓練成為公司的一項體系、制度，部屬就無法作為戰力來使用。然而，對有企圖心的職員，重要的是讓其學習各種工作訣竅，更進而圖謀提高其能力。

上司即使對部屬目前正在做的事不能立即有所幫助，但由於關係著部屬本人的能力提升，因此，應該指導他儘可能取得非常有用的國家資格、專業執照。如果以公司的名義獎勵，那麼，充滿了企圖心、洋溢著熱忱的年輕部屬，應該會不斷地挑戰工作。

因此，上司必須作指示才行。無論建築師、會計師、保險經紀人等等，只要是與社會有直接關係的資格都可以，所以要讓部屬取得資格。並且，為了讓部屬去上專門學校，可以考慮讓他每週有二天定時回家，不多加班，例如星期一、五讓部屬準時下班去上課。對不去學校而在自己家裡自修的人，則買書送給對方，或自己買書來看。

另外，如果部屬取得資格了，那就借用早會的場地，以總經理名義的表揚狀及獎金交給對方。對嫌惡的部屬也要強迫對方至少要取得一個資格。總而言之，不可以養成任何一個只求安逸、深恐吃苦的職員。

在S鋁工業公司裡，正極力於削減人員、裁撤部門，然而，儘管經營是多麼困難、艱辛，並非只是削減人員就可解決問題了，因為，削減部份的工作負擔加諸在其餘的職員身上。

因此，S公司開始實施提高每一個職員之能力的作戰策略。比方說，任職於鋁建材部的E，每天在工廠裡從事材料的製造。然而，人手開始有不足的現象，不僅是材料的製造，從產品的銷售、對建設公司的推銷以至住宅的銷售，都被要求幫忙，成為其他部門的臨時幫手。這就像汽車的技術人員因銷售不振而被派去幫忙經銷賣車一樣。

但是，房屋的銷售有其必須符合的資料，具有房地產經紀人的資格才能從事仲介。因此，上司命令E立刻取得房地產經紀人的資格。E雖是K大工學院畢業，且對技術深具自信，但對銷售卻感到極端棘手。僅管撇開取得資格與否不談，他仍向上司投訴說：「希望饒了我，別讓我從事業務工作。」上司則以一句話喝斥了他一頓：「別想得太美了，你知道現在公司處於什麼樣的狀況嗎?哪裡有選擇工作的權利！」並且，第二天不著痕跡地在他的桌上放了一本房地產經紀人考試的參考書。E雖嘴裡唸唸有辭，嘮叨個不停，但仍開始讀書了，半年之後，他通過了考試。由於人是金錢的動物，因此為了錢他必須向現實低頭，一旦能取得資格，則一向討厭的業務工作，居然可以想盡辦法勉強應付，而終於可以得心應手、掌握自如。為了今後的前途，他無論如何得設法取得資格，在業務工作上力求表現。

## 解說

E的情形，因為被「取得資格＝從事那項工作」的狀況逼得無可奈何，萬不得已才去應試，所於資格與飯碗兩者之間密切聯繫著，也有困難的一面，有時令人有難以取捨的感覺，究竟要顧全興趣、理想，抑或保住飯碗？然而，縱令如何提高能力，但每天被工作所追逐，讀書時怎麼也無法集中精神。結果，被逼得走頭無路，萬不得已而取得資格的人不少，像E即是一例。

要在不得不取得資格的階段讓部屬取得資格，最好還是利用人類的心理。也就是說，選擇充滿幹勁、有企圖心的新進職員，給予激勵。舉例而言，某個課長便使用這樣的方法。

他對新人說：「你將來大概也有可能擔任經理的職位，那個時候若具有稅務經紀人的資格，那就真的輕鬆多了。因為幫現代人極力謀求節省時間，你要不要試一試？儘管十分清楚要在工作之餘撥空讀書才能取得資格，所以並不是那麼容易取得的資格，但唯其如此，才有價值，才值得去做呀。」總而言之，以正面攻擊法攻破部屬的心防，激起對方的幹勁，然而，對方並未立刻說：「是，我知道了。」

課長明瞭這種事情，本人的自發性極為重要，所以並不勉為其難，強迫E一定要取得資格。有一天他想到了一個計策。這個年輕職員是無與倫比的愛酒人，一喝了酒就極其活潑，開始唱歌、跳舞、吵嚷，變得豪邁大方，輕易地許諾，這是優點也是缺點。因此，課長一定要帶他去用於接待客戶、朋友的餐館，讓他喝酒。

E不免心想：「承蒙課長在這樣的地方請客，真有點害怕。」最初他老老實實地喝酒，不敢輕舉妄動，但在酒力逐漸發作之間，他愈來愈豪邁大方。因此，課長估算恰當的時機開口說：「怎麽樣，最近的情況好嗎？那件稅務的案件如何了？」「喔，那件事嗎？像我這樣的人也可以做好的？」「我預期你將在許多人之中脫穎而出，更上一層樓。你年輕，頭腦又好，或許是大學商業科系畢業，也具有一定的知識基礎。」藉由言語挑起新人的信心，結果，他說：「好吧，我試著做看看！」

如上所述，讓二～三個人挑戰資格考試，然後，在衆面前說：「○○現在正在挑戰稅務經理人的資格，一定會合格的，且每一科目都會通過：他先前已有一些科目通過了。」激發職員熾烈的競爭心。如此一來，周遭的人心中也立即不安起來，蠢蠢欲動，也想參加資格考試，挑起了大家的進取心，決心說：「我也要開始挑戰！」萬一大言不慚誇下海口卻沒有考上，就很令人不好意思。

因為有羞恥心的作祟，所以雖有人私底下秘密地嘗試挑戰，但基於「骨牌效應」的理論，全體人員應該都會陸續加入資格考試的挑戰。

**教訓49　取得專業資格關係著自信，即使沒有立刻派上用場，也應建議部屬去取得！**

# 對部屬的養成不需要同情

在部屬的教育上，最要不得的是在工作上給予同情。雖然並不意味著上司只是隨便督導即可，但嬌寵溺愛的結果，優秀的職員會失去成長的企圖心。甚至連著名的織田信長，也有因同情心而造成的慘痛遭遇。他一碰到有關自己孩子的事情，就以驕縱寵溺的方式養育、教育他們。但是，本能寺的事變以後三個孩子或是被殺，或是行方不明等等，沒有一個人在歷史上留名，立下功業。

然而，偏偏在管理者之中有人誤以為：同情、關心、考慮對方的確是比別人優秀的特點，而對部屬超過必要的同情，結果如何呢？當太濫情的上司要求部屬工作，他們不可能自己主動去做，更甭談全體緊繃著精神，積極而勤奮地工作。也就是說，不應該會產生自動自發、獨立自主的職員。

一旦部屬稍微積極，上司就立刻說：「真辛苦呀！」「要不要幫忙？」「因為新來乍到，不要緊的。」「噢，誰給他幫忙一下！」等等，同情部屬而說出溫暖的話語—這是最不好的做法。如此只會扯剛在自立之職員的後腿，阻礙他們進步，完全沒有鼓勵的效果。如果想磨練部屬，就不可以同情部屬。冷漠地推開、甩掉，是為了部屬好。

**事例介紹**

服務於P室內裝飾用品店的R，進公司已第二年了。他主要是站在店頭從事銷售的工作，有時也帶著商品到顧客家裡去，提供室內裝潢設計的諮商。當然，因為R是被當作專業人員而大力栽培的人才，所以他對少許顧客的要求，期望可以快速反應，作出決定，但是，其中也有囉嗦而令人厭煩的顧客，訂購東西時，十分挑剔。

R到如此的顧客家裡，一整天都被刁難，客人下了一張不好做的訂單，令他中途放棄。他終於向店長央求：「我雖去了○○先生的家，但因為在室內設計案件上，下了勉強而不可能做到的訂單，很傷腦筋，不知如何應付，我雖很努力，但他怎麼也不諒解。店長，你可不可去接單。」

然而，店長卻拒絕說：「不行！我總不能離開我們店裡吧？我可是店長。我雖不知道大概是什麼樣的訂單，但無論如何無理的要求，不可能做到的難題，處理方式便是你的職責。你學習了三年之久，應明白再怎麼困難的訂單也非得應付不可，這樣才能獨當一面。你自己一個人去做吧！」結果，當天顧客沒有答應R的案子，但二天之後有另一次的機會，就認同他的設計。自此以後，就不再接到中止訂單的電話，一切已難不倒他了。

因為，藉由拒絕幫助，可以讓他領悟到：「啊！認為萬一緊要的關頭有人會給予幫助，那是不可救藥的錯誤。凡事都要靠自己，不能老是倚賴上司的幫助。」

這個例子，店長處於非常艱辛的立場，他應暫且擱下R的問題不管，畢竟，商業買賣仍以顧客最優先，為了生意，顧客應擺在第一，負責的店長飛奔而去，向顧客說：「沒有理由可以辯解，我向閣下道歉，立刻補償你。」希望不致損失一位顧客。然而，為了磨練職員，即使萬一失去一位顧客那也無所謂，不必太介意、干涉過多，應讓其自己學習如何處理事情，上司基於如此的決心，應放手讓部屬去做。就結果而言，不失去顧客而R也被磨練了，總算是成功了。

然而，經常總是成功的人就不在此限。其中也有因一點小事就輕言：「我要辭職！」他們一去不回，也是無可奈何的。上司畏首畏尾就無法做到員工的教育。尤其中小企業等職場，因為相較於大企業，勞動條件較差，不可有溺愛職員的傾向。

不過，連普通的教育都不實施，只是一味地同情部屬，是上司的一大禁忌，因此部屬會受不了。所謂的「經營即是教育」，雖是這麼說，但日本能成為世界第一位的經濟大國，也是著力於教育的成果。因此，教導、反覆練習、讓部屬發問、嘗試是應遵循的教育程序，實施如此的職員教育之後，則徹底讓部屬去做。因為，站出來背負起大任的職員，也是從飽受掙扎的痛苦之中，如不死鳥般地成長著，累積能力。

指導者的工作即培養人材。從懦弱的指導手下培養不了堅強的職員。為什麼？原因是部屬會與他人比較而認為：「自己大概很無能吧？」對自己沒有信心。相反地，堅強的指導者會認為：「部屬自己可以輕輕鬆鬆去完成這種工作！」不必作無謂的同情，可以放手讓部屬去做。由此可見，濫用同情心對部屬並無好處，反會養成他們倚賴的心理。那麽，關於不可以同情的情況有什麽內容呢？

①部屬在業務上無法如願以償地賣出東西，而嘮叨不平、牢騷滿腹時。

②部屬工作未如預期地進展。然而，同期的職員卻一直確實地進展著，沒太大的阻礙時。

③前來說：「身體狀況有一點不佳，請給我休息。」等話語時。

④因來自顧客的抱怨而承受不住、不堪一擊時。

⑤在促銷活動等事情上有所疏失時。

⑥被指摘連絡有疏失、報告有疏失，前來辯解一大套理由時。

⑦前來詢問：「請現在再說一次您告訴我好幾次的事情。」時。

如果仔細想一下，多多少少會有這些情形，雖乍見之下，認為實在是很冷淡的上司，其實這種公私分明的做法是正確的。

## 教訓 50　同情不能培養人材。放手讓部屬去做，也是上司的愛心！

# 大展出版社有限公司　圖書目錄

地址：台北市北投區11204
致遠一路二段12巷1號
郵撥：0166955～1
電話：(02) 8236031
8236033
傳眞：(02) 8272069

## ・法律專欄連載・電腦編號58

台大法學院　法律學系／策劃
法律服務社／編著

| | |
|---|---|
| ①別讓您的權利睡著了[1] | 200元 |
| ②別讓您的權利睡著了[2] | 200元 |

## ・秘傳占卜系列・電腦編號14

| | | |
|---|---|---|
| ①手相術 | 淺野八郎著 | 150元 |
| ②人相術 | 淺野八郎著 | 150元 |
| ③西洋占星術 | 淺野八郎著 | 150元 |
| ④中國神奇占卜 | 淺野八郎著 | 150元 |
| ⑤夢判斷 | 淺野八郎著 | 150元 |
| ⑥前世、來世占卜 | 淺野八郎著 | 150元 |
| ⑦法國式血型學 | 淺野八郎著 | 150元 |
| ⑧靈感、符咒學 | 淺野八郎著 | 150元 |
| ⑨紙牌占卜學 | 淺野八郎著 | 150元 |
| ⑩ＥＳＰ超能力占卜 | 淺野八郎著 | 150元 |
| ⑪猶太數的秘術 | 淺野八郎著 | 150元 |
| ⑫新心理測驗 | 淺野八郎著 | 160元 |
| ⑬塔羅牌預言秘法 | 淺野八郎著 | 元 |

## ・趣味心理講座・電腦編號15

| | | | |
|---|---|---|---|
| ①性格測驗1 | 探索男與女 | 淺野八郎著 | 140元 |
| ②性格測驗2 | 透視人心奧秘 | 淺野八郎著 | 140元 |
| ③性格測驗3 | 發現陌生的自己 | 淺野八郎著 | 140元 |
| ④性格測驗4 | 發現你的真面目 | 淺野八郎著 | 140元 |
| ⑤性格測驗5 | 讓你們吃驚 | 淺野八郎著 | 140元 |
| ⑥性格測驗6 | 洞穿心理盲點 | 淺野八郎著 | 140元 |
| ⑦性格測驗7 | 探索對方心理 | 淺野八郎著 | 140元 |
| ⑧性格測驗8 | 由吃認識自己 | 淺野八郎著 | 140元 |

| | | | |
|---|---|---|---|
| ⑨性格測驗9 | 戀愛知多少 | 淺野八郎著 | 160元 |
| ⑩性格測驗10 | 由裝扮瞭解人心 | 淺野八郎著 | 140元 |
| ⑪性格測驗11 | 敲開內心玄機 | 淺野八郎著 | 140元 |
| ⑫性格測驗12 | 透視你的未來 | 淺野八郎著 | 140元 |
| ⑬血型與你的一生 | | 淺野八郎著 | 160元 |
| ⑭趣味推理遊戲 | | 淺野八郎著 | 160元 |
| ⑮行爲語言解析 | | 淺野八郎著 | 160元 |

## •婦 幼 天 地• 電腦編號16

| | | |
|---|---|---|
| ①八萬人減肥成果 | 黃靜香譯 | 180元 |
| ②三分鐘減肥體操 | 楊鴻儒譯 | 150元 |
| ③窈窕淑女美髮秘訣 | 柯素娥譯 | 130元 |
| ④使妳更迷人 | 成　玉譯 | 130元 |
| ⑤女性的更年期 | 官舒妍編譯 | 160元 |
| ⑥胎內育兒法 | 李玉瓊編譯 | 150元 |
| ⑦早產兒袋鼠式護理 | 唐岱蘭譯 | 200元 |
| ⑧初次懷孕與生產 | 婦幼天地編譯組 | 180元 |
| ⑨初次育兒12個月 | 婦幼天地編譯組 | 180元 |
| ⑩斷乳食與幼兒食 | 婦幼天地編譯組 | 180元 |
| ⑪培養幼兒能力與性向 | 婦幼天地編譯組 | 180元 |
| ⑫培養幼兒創造力的玩具與遊戲 | 婦幼天地編譯組 | 180元 |
| ⑬幼兒的症狀與疾病 | 婦幼天地編譯組 | 180元 |
| ⑭腿部苗條健美法 | 婦幼天地編譯組 | 180元 |
| ⑮女性腰痛別忽視 | 婦幼天地編譯組 | 150元 |
| ⑯舒展身心體操術 | 李玉瓊編譯 | 130元 |
| ⑰三分鐘臉部體操 | 趙薇妮著 | 160元 |
| ⑱生動的笑容表情術 | 趙薇妮著 | 160元 |
| ⑲心曠神怡減肥法 | 川津祐介著 | 130元 |
| ⑳內衣使妳更美麗 | 陳玄茹譯 | 130元 |
| ㉑瑜伽美姿美容 | 黃靜香編著 | 150元 |
| ㉒高雅女性裝扮學 | 陳珮玲譯 | 180元 |
| ㉓蠶糞肌膚美顏法 | 坂梨秀子著 | 160元 |
| ㉔認識妳的身體 | 李玉瓊譯 | 160元 |
| ㉕產後恢復苗條體態 | 居理安•芙萊喬著 | 200元 |
| ㉖正確護髮美容法 | 山崎伊久江著 | 180元 |
| ㉗安琪拉美姿養生學 | 安琪拉蘭斯博瑞著 | 180元 |
| ㉘女體性醫學剖析 | 增田豐著 | 220元 |
| ㉙懷孕與生產剖析 | 岡部綾子著 | 180元 |
| ㉚斷奶後的健康育兒 | 東城百合子著 | 220元 |
| ㉛引出孩子幹勁的責罵藝術 | 多湖輝著 | 170元 |

| | | |
|---|---|---|
| ㉜培養孩子獨立的藝術 | 多湖輝著 | 170元 |
| ㉝子宮肌瘤與卵巢囊腫 | 陳秀琳編著 | 180元 |
| ㉞下半身減肥法 | 納他夏・史達賓著 | 180元 |
| ㉟女性自然美容法 | 吳雅菁編著 | 180元 |
| ㊱再也不發胖 | 池園悅太郎著 | 170元 |
| ㊲生男生女控制術 | 中垣勝裕著 | 220元 |
| ㊳使妳的肌膚更亮麗 | 楊　皓編著 | 170元 |
| ㊴臉部輪廓變美 | 芝崎義夫著 | 180元 |
| ㊵斑點、皺紋自己治療 | 高須克彌著 | 180元 |
| ㊶面皰自己治療 | 伊藤雄康著 | 180元 |
| ㊷隨心所欲瘦身冥想法 | 原久子著 | 180元 |
| ㊸胎兒革命 | 鈴木丈織著 | 元 |

## ・青 春 天 地・電腦編號 17

| | | |
|---|---|---|
| ①A血型與星座 | 柯素娥編譯 | 120元 |
| ②B血型與星座 | 柯素娥編譯 | 120元 |
| ③O血型與星座 | 柯素娥編譯 | 120元 |
| ④AB血型與星座 | 柯素娥編譯 | 120元 |
| ⑤青春期性教室 | 呂貴嵐編譯 | 130元 |
| ⑥事半功倍讀書法 | 王毅希編譯 | 150元 |
| ⑦難解數學破題 | 宋釗宜編譯 | 130元 |
| ⑧速算解題技巧 | 宋釗宜編譯 | 130元 |
| ⑨小論文寫作秘訣 | 林顯茂編譯 | 120元 |
| ⑪中學生野外遊戲 | 熊谷康編著 | 120元 |
| ⑫恐怖極短篇 | 柯素娥編譯 | 130元 |
| ⑬恐怖夜話 | 小毛驢編譯 | 130元 |
| ⑭恐怖幽默短篇 | 小毛驢編譯 | 120元 |
| ⑮黑色幽默短篇 | 小毛驢編譯 | 120元 |
| ⑯靈異怪談 | 小毛驢編譯 | 130元 |
| ⑰錯覺遊戲 | 小毛驢編譯 | 130元 |
| ⑱整人遊戲 | 小毛驢編著 | 150元 |
| ⑲有趣的超常識 | 柯素娥編譯 | 130元 |
| ⑳哦！原來如此 | 林慶旺編譯 | 130元 |
| ㉑趣味競賽100種 | 劉名揚編譯 | 120元 |
| ㉒數學謎題入門 | 宋釗宜編譯 | 150元 |
| ㉓數學謎題解析 | 宋釗宜編譯 | 150元 |
| ㉔透視男女心理 | 林慶旺編譯 | 120元 |
| ㉕少女情懷的自白 | 李桂蘭編譯 | 120元 |
| ㉖由兄弟姊妹看命運 | 李玉瓊編譯 | 130元 |
| ㉗趣味的科學魔術 | 林慶旺編譯 | 150元 |

| | | |
|---|---|---|
| ㉘趣味的心理實驗室 | 李燕玲編譯 | 150元 |
| ㉙愛與性心理測驗 | 小毛驢編譯 | 130元 |
| ㉚刑案推理解謎 | 小毛驢編譯 | 130元 |
| ㉛偵探常識推理 | 小毛驢編譯 | 130元 |
| ㉜偵探常識解謎 | 小毛驢編譯 | 130元 |
| ㉝偵探推理遊戲 | 小毛驢編譯 | 130元 |
| ㉞趣味的超魔術 | 廖玉山編著 | 150元 |
| ㉟趣味的珍奇發明 | 柯素娥編著 | 150元 |
| ㊱登山用具與技巧 | 陳瑞菊編著 | 150元 |

## •健 康 天 地• 電腦編號 18

| | | |
|---|---|---|
| ①壓力的預防與治療 | 柯素娥編譯 | 130元 |
| ②超科學氣的魔力 | 柯素娥編譯 | 130元 |
| ③尿療法治病的神奇 | 中尾良一著 | 130元 |
| ④鐵證如山的尿療法奇蹟 | 廖玉山譯 | 120元 |
| ⑤一日斷食健康法 | 葉慈容編譯 | 150元 |
| ⑥胃部強健法 | 陳炳崑譯 | 120元 |
| ⑦癌症早期檢查法 | 廖松濤譯 | 160元 |
| ⑧老人痴呆症防止法 | 柯素娥編譯 | 130元 |
| ⑨松葉汁健康飲料 | 陳麗芬編譯 | 130元 |
| ⑩揉肚臍健康法 | 永井秋夫著 | 150元 |
| ⑪過勞死、猝死的預防 | 卓秀貞編譯 | 130元 |
| ⑫高血壓治療與飲食 | 藤山順豐著 | 150元 |
| ⑬老人看護指南 | 柯素娥編譯 | 150元 |
| ⑭美容外科淺談 | 楊啟宏著 | 150元 |
| ⑮美容外科新境界 | 楊啟宏著 | 150元 |
| ⑯鹽是天然的醫生 | 西英司郎著 | 140元 |
| ⑰年輕十歲不是夢 | 梁瑞麟譯 | 200元 |
| ⑱茶料理治百病 | 桑野和民著 | 180元 |
| ⑲綠茶治病寶典 | 桑野和民著 | 150元 |
| ⑳杜仲茶養顏減肥法 | 西田博著 | 150元 |
| ㉑蜂膠驚人療效 | 瀨長良三郎著 | 150元 |
| ㉒蜂膠治百病 | 瀨長良三郎著 | 180元 |
| ㉓醫藥與生活 | 鄭炳全著 | 180元 |
| ㉔鈣長生寶典 | 落合敏著 | 180元 |
| ㉕大蒜長生寶典 | 木下繁太郎著 | 160元 |
| ㉖居家自我健康檢查 | 石川恭三著 | 160元 |
| ㉗永恒的健康人生 | 李秀鈴譯 | 200元 |
| ㉘大豆卵磷脂長生寶典 | 劉雪卿譯 | 150元 |
| ㉙芳香療法 | 梁艾琳譯 | 160元 |

國家圖書館出版品預行編目資料

| |
|---|
| 傑出職員鍛鍊術／佐佐木正著；柯素娥譯<br>——初版——臺北市；大展，民86<br>面；　　公分——（社會人智囊；23）<br>譯自：電車でおぼえるできる社員の鍛練術<br>ISBN 957-557-713-2（平裝）<br><br>1.人事管理<br><br>494.3　　　　　　　　　86005272 |




**傑出職員鍛鍊術**　　ISBN 957-557-713-2

原著者／佐佐木正
編譯者／柯　素　娥
發行人／蔡　森　明
出版者／大展出版社有限公司
社　址／台北市北投區（石牌）致遠一路二段12巷1號
電　話／(02) 8236031・8236033
傳　真／(02) 8272069
郵政劃撥／0166955－1
登記證／局版臺業字第2171號
承印者／高星企業有限公司
裝　訂／日新裝訂所
排版者／千兵企業有限公司
電　話／(02) 8812643
初　版／1997年（民86年）5月

定　價／180元

大展好書 好書大展

大展好書 好書大展